Juan José Cabello Eras
Jorge Mario Mendoza Fandiño
Valéry José Lanchero Suárez

Fundamentos de la Mecánica de la Fractura

Juan José Cabello Eras
Jorge Mario Mendoza Fandiño
Valéry José Lanchero Suárez

Fundamentos de la Mecánica de la Fractura

Determinación de la vida remanente de elementos de máquinas

Editorial Académica Española

Imprint
Any brand names and product names mentioned in this book are subject to trademark, brand or patent protection and are trademarks or registered trademarks of their respective holders. The use of brand names, product names, common names, trade names, product descriptions etc. even without a particular marking in this work is in no way to be construed to mean that such names may be regarded as unrestricted in respect of trademark and brand protection legislation and could thus be used by anyone.

Cover image: www.ingimage.com

Publisher:
Editorial Académica Española
is a trademark of
Dodo Books Indian Ocean Ltd. and OmniScriptum S.R.L publishing group

120 High Road, East Finchley, London, N2 9ED, United Kingdom
Str. Armeneasca 28/1, office 1, Chisinau MD-2012, Republic of Moldova, Europe
Printed at: see last page
ISBN: 978-620-2-16975-2

FUNDAMENTOS DE LA MECANICA DE LA FRACTURA.

Juan José Cabello Eras
Jorge Mario Mendoza Fandiño
Valery José Lancheros Suarez

Departamento de Ingeniería Mecánica. Universidad de Córdoba.
Montería. Colombia

AGRADECIMIENTO

Los autores agradecen a la universidad de córdoba por financiación en el ámbito del programa para el sostenimiento y mejoramiento de indicadores de los grupos de investigación y se aprueba la convocatoria interna para el año 2022", según acta No. FI-04-22 de 2023.

Capítulo I Fundamentos de la Teoría y de la Aplicación de la Mecánica de la Fractura al Análisis de Fallas.

1. La Mecánica de la Fractura. Objeto de estudio.

Desde sus orígenes el hombre choca con los problemas relacionados con a contradicción resistencia mecánica - destrucción. De las siete maravillas del Mundo Antiguo solo las pirámides de Egipto han logrado superar esta contradicción. En el mundo actual prácticamente a diario se reciben noticias acerca de las incalculables e irreparables pérdidas humanas y materiales que ocasiona esta "no resuelta" contradicción.

Muchas de las grandes catástrofes que se han producido en construcciones mecánicas están asociadas la fatiga de los materiales que tiene su origen en un fenómeno muy conocido que es la concentración de tensiones, que se origina por las variaciones bruscas en la forma geométrica de las piezas que propician la presencia del concentrador de tensiones cuyas dimensiones y radio de curvatura en su vértice determinan su magnitud.

En la zona de concentración de tensiones y ante la acción de cargas variables cíclicamente se producen procesos al interior del material de la pieza que pueden producir la aparición de pequeñas grietas que se pueden definir como una discontinuidad o corte de grosor "nulo" y de un vértice de radio de curvatura extremadamente pequeño. Como las grietas afectan la distribución de tensiones en la zona de la pieza donde aparecen pueden ser definidas como como un caso límite de concentrador de tensiones. Sin embargo dada la forma impredecible de su forma el concepto de coeficiente de concentración de tensiones elásticas, pierde su sentido físico por lo que los métodos aplicados para la evaluación de las resistencia a la fatiga de las piezas que se fundamentan en este cuya determinación depende del tipo de concentrador de tensiones y la estandarización de sus dimensiones no son aplicable y surge la Mecánica de la Fractura como rama de la Mecánica de los Sólidos Deformables que estudia los fenómenos de la destrucción de piezas en presencia de grietas aplicando las leyes y métodos fundamentales de la Mecánica del Medio Continuo.

El objeto de estudio de la Mecánica de la Fractura es muy amplio, incluye por supuesto, la parte de la ciencia de la resistencia mecánica de los materiales y construcciones que está relacionada con el estudio de la capacidad de carga de los elementos, teniendo en cuenta la presencia inicial de defectos o grietas, así como el estudio de las diversas regularidades del desarrollo y crecimiento de las grietas y la determinación de las condiciones límites entre que la grieta pueda crecer hasta provocar la falla de la pieza o permanecer en estado de equilibrio sin desarrollarse ni afectar su integridad.

El manejo y control del proceso de destrucción y el conocimiento de sus regularidades ha ocupado un valor enorme en la práctica. En la gran mayoría de las aplicaciones de la Mecánica de la Fractura se pretende evitar o ralentizar el proceso de crecimiento de las grietas o pronosticar el tiempo remanente hasta la perdida de la capacidad de trabajo, aunque también hay otras aplicaciones donde lo que se busca es facilitar por todos los medios la destrucción como es el caso de los procesos industriales de molienda, trituración, corte de metales, etc.

La Mecánica de la Fractura es una de las ramas de la Mecánica que se ha desarrollado muy impetuosamente en los últimos 40 años. Actualmente las direcciones fundamentales de la investigación son los problemas de la destrucción en condiciones de deformaciones plásticas considerables, la elaboración de los métodos de la mecánica de la destrucción para los materiales no metálicos (rocas, minerales, hormigón, materiales cerámicos, polímeros, huesos, composiciones, etc.), los problemas vinculados con la propagación de las grietas bajo cargas dinámicas y en presencia de medios corrosivos, el pronóstico de los recursos y la fiabilidad de los elementos de las construcciones tomando en consideración el carácter aleatorio del surgimiento y desarrollo de los defectos del material, etc.

Como se puede apreciar, el propio avance de los conocimientos en esta rama ha ido e irán conformando el objeto de estudio de esta.

1.1. Modelo matemático de un sólido con una grieta.

Si se analiza una grieta en un sólido deformable como se representa en la figura 1, será siempre posible establecer el frente de la grieta representado mediante la línea l, o sea, la línea de intersección de las dos superficies que conforman las dos caras de la grieta señaladas con el número 2.

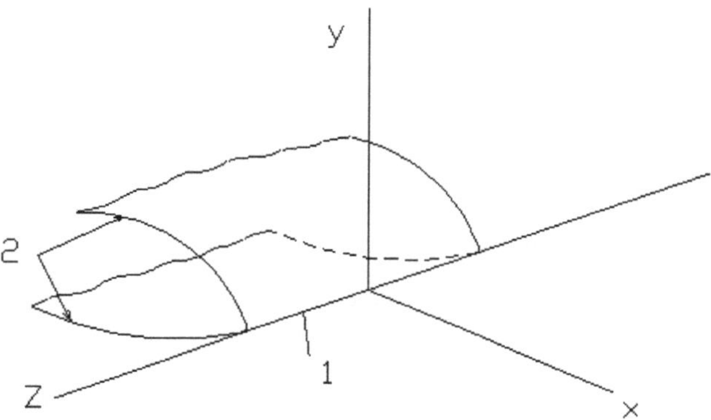

Fig. 1 Frente y caras de la grieta en un sólido.

Las dos caras de la grieta constituyen fronteras complementarias del sólido con la particularidad de que a causa de la pequeña distancia que existe entre ellas, la grieta puede considerarse como un corte matemático, es decir, una cavidad de volumen nulo limitado por dos superficies coincidentes desde el punto de vista geométrico.

El proceso para la modelación de un orificio de forma elíptica mediante un corte se representa en la figura 2. En ella se muestra una cavidad en forma de cilindro elíptico un sólido, cuyo eje coincide con el eje z (perpendicular a la figura) y se muestran las ecuaciones de los contornos superior e inferior de la cavidad en función de los semiejes mayor "a" y menor "b" de la elipse. Si se realiza el paso al límite para b =>0, el cilindro elíptico se convierte en un corte rectangular de espesor nulo

(b = 0) en el intervalo [-a, a] del eje x.

El contorno superior de la elipse $y = b \cdot \sqrt{1 - \left(\dfrac{x}{a}\right)^2}$ se traslada a la frontera superior del corte en la que a $\leq$ x $\leq$ a, y = +0, mientras que el contorno inferior $y = -b \cdot \sqrt{1 - \left(\dfrac{x}{a}\right)^2}$ se traslada hacia la frontera inferior en la que -a $\leq$ x $\leq$ a, y = -0 (Fig. 2 b).

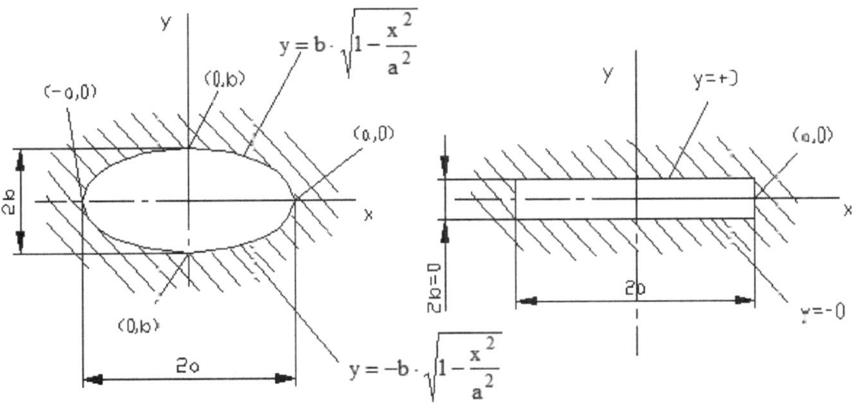

Fig. 2 Modelación de una cavidad de forma elíptica mediante un corte matemático.

Si se analiza a una escala muy ampliada lo que ocurre en las vecindades de una grieta real se identifica un corte semiinfinito en un plano lineal elástico ilimitado, pero si profundiza detalladamente en lo que ocurre en la zona del frente de la grieta se establece que el vértice del corte de radio de curvatura finito y en las inmediaciones del vértice una pequeña zona donde ocurren deformaciones plásticas y donde el comportamiento del material se desvía esencialmente de la ley de Hooke. Sin embargo para resolver la tarea de evaluar el posible desarrollo de la grieta no es indispensable analizar en detalle lo que ocurre en el entorno más próximo del vértice de la grieta, donde los procesos que ocurren no están aun totalmente estudiados y cuya solución es una tarea muy compleja e indeterminada. Es suficiente conocer el carácter y la intensidad del estado tensional en la zona elástica que está mas allá de la frontera de dicha zona plástica. Así para resolver los problemas de la Mecánica de la Fractura es indispensable disponer de la llamada solución asintótica del problema de la Teoría Lineal de la Elasticidad para un corte semiinfinito.

1.2 Modos de carga y desplazamiento del sólido con grietas

En la Fig. 3 se muestra el sistema de coordenadas cartesianas y las componentes del estado tensional en la zona de las vecindades del frente de la grieta referidas a este.

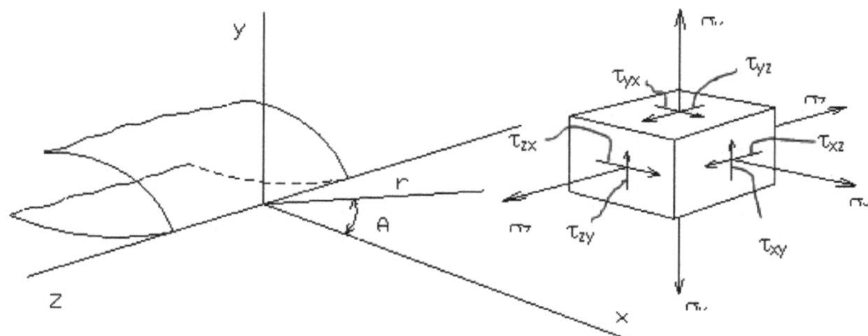

Fig. 3 Sistema de coordenadas y componentes del estado tensional en la zona de las vecindades de la grieta.

La solución del problema del desarrollo de la grieta para el caso de un entorno pequeño en las vecindades del frente de esta puede considerarse independiente de la tensión σ_z que surge en la dirección paralela al frente. El caso mas general de tensiones y deformaciones en las vecindades del frente puede obtenerse entonces por superposición de los siguientes modos de carga como se muestra en la figura 4.

En el modo de carga I mostrado en la figura 4 a), los desplazamientos que se producen ocasionan que las caras de la grieta se alejan una de la otra en direcciones opuestas y perpendiculares a las caras del corte. Estos desplazamientos son similares a los que ocurren en la tracción o en la flexión pura.

En el modo de carga II representado en la figura 4 b), los desplazamientos de las caras de la grieta producen el deslizamiento de una cara sobre la otra en una dirección perpendicular al frente de la grieta, tal como ocurre por ejemplo cuando se separa una viruta de material base mediante una cuchilla de corte en el torno o en el caso del cortante transversal.

En el modo de carga III mostrado en la figura 4c,es aquel modo de carga los desplazamientos de las caras de la grieta producen que estas se deslicen una con relación a la otra, pero en la dirección paralela al frente de la grieta, como ocurre por ejemplo en el caso de una barra agrietada en la sección transversal en el caso de la torsión o cuando se realiza el corte mediante una tijera .

4

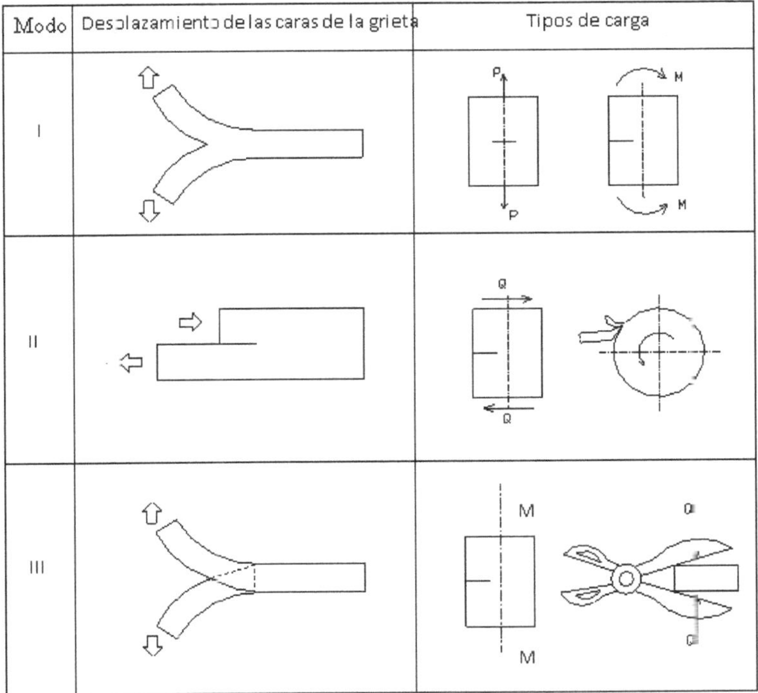

Fig. 4 Modos de carga y de desplazamientos.

1.3 Campo de tensiones y deformaciones en las vecindades del frente ce grieta en un sólido elástico.

La determinación del campo de tensiones y deformaciones en las vecindades del frente de la grieta en un sólido elástico fue resuelta por Williams e Irwin [45] a finales de la década de 1950, los cuales demostraron que para cualquier problema de la Teoría de la Elasticidad el campo de tensiones y de deformaciones en las vecindades del frente de a grieta tenían prácticamente la misma estructura.

En la zona del frente de la grieta puede tener lugar tanto el estado tensional plano ($\sigma_1 > 0$, $\sigma_2 > 0$ y $\sigma_3 = 0$, $\varepsilon_1 > 0$, $\varepsilon_2 = f(\sigma_1, \sigma_2)$, $\varepsilon_3 < 0$), como el estado deformaciona plano ($\sigma_1 > 0$, $\sigma_2 > 0$ y $\sigma_3 > 0$, $\varepsilon_1 > 0$, $\varepsilon_2 > 0$, $\varepsilon_3 = 0$). El estado tensional más peligroso desde el punto de vista de la destrucción brusca es el estado deformacional plano, ya que durante e estado tensional triaxial d sminuyen las tensiones tangenciales y el volumen deformado plásticamente.

El campo de tensiones y deformaciones en las vecindades del frente de grieta en un sólido elástico ha sido obtenido detalladamente por los métodos de la Teoría de la Elasticidad con posterioridad a los trabajos de Williams e Irwin [4,13,15,20,73,79,93,95,106].

Para el estado deformacional plano, la distribución de las tensiones y los desplazamientos (u, v, w) en las direcciones de los ejes x, y, z para cada uno de los modos de carga mostrados en la figura 4 se determina por las siguientes ecuaciones expresadas en coordenadas polares como se muestra en la figura 3 [10].

Modo I

$$\sigma_x = \frac{K_I}{\sqrt{2 \cdot \pi \cdot r}} \cdot \cos\frac{\theta}{2} \cdot \left(1 - \operatorname{sen}\frac{\theta}{2} \cdot \operatorname{sen}\frac{3\theta}{2}\right)$$

$$\sigma_y = \frac{K_I}{\sqrt{2 \cdot \pi \cdot r}} \cdot \cos\frac{\theta}{2} \cdot \left(1 + \operatorname{sen}\frac{\theta}{2} \cdot \operatorname{sen}\frac{3\theta}{2}\right)$$

$$\tau_{xy} = \frac{K_I}{\sqrt{2 \cdot \pi \cdot r}} \operatorname{sen}\frac{\theta}{2} \cdot \cos\frac{\theta}{2} \cdot \cos\frac{3\theta}{2}$$

$$\sigma_z = \mu \cdot \left(\sigma_x + \sigma_y\right), \quad \tau_{xz} = \tau_{yz} = 0 \tag{1}$$

$$u = \frac{K_I}{G} \cdot \sqrt{\frac{r}{2 \cdot \pi}} \cdot \cos\frac{\theta}{2} \cdot \left(1 - 2 \cdot \mu + \operatorname{sen}^2 \frac{\theta}{2}\right)$$

$$v = \frac{K_I}{G} \cdot \sqrt{\frac{r}{2 \cdot \pi}} \cdot \operatorname{sen}\frac{\theta}{2} \cdot \left(2 - 2 \cdot \mu - s\cos^2 \frac{\theta}{2}\right)$$

$$w = 0$$

Modo II

$$\sigma_x = -\frac{K_{II}}{\sqrt{2 \cdot \pi \cdot r}} \cdot \operatorname{sen}\frac{\theta}{2} \cdot \left(2 + \cos\frac{\theta}{2} \cdot \cos\frac{3\theta}{2}\right)$$

$$\sigma_y = \frac{K_{II}}{\sqrt{2 \cdot \pi \cdot r}} \operatorname{sen}\frac{\theta}{2} \cdot \cos\frac{\theta}{2} \cdot \cos\frac{3\theta}{2}$$

$$\tau_{xy} = \frac{K_{II}}{\sqrt{2 \cdot \pi \cdot r}} \cdot \cos\frac{\theta}{2} \cdot \left(1 - \operatorname{sen}\frac{\theta}{2} \cdot \operatorname{sen}\frac{3\theta}{2}\right)$$

$$\tag{2}$$

$$\sigma_z = \mu \cdot \left(\sigma_x + \sigma_y\right), \quad \tau_{xz} = \tau_{yz} = 0$$

$$u = \frac{K_{II}}{G} \cdot \sqrt{\frac{r}{2 \cdot \pi}} \cdot \operatorname{sen}\frac{\theta}{2} \cdot \left(2 - 2 \cdot \mu + \cos^2 \frac{\theta}{2}\right)$$

$$v = \frac{K_{II}}{G} \cdot \sqrt{\frac{r}{2 \cdot \pi}} \cdot \cos\frac{\theta}{2} \cdot \left(-1 + 2 \cdot \mu - \operatorname{sen}^2 \frac{\theta}{2}\right)$$

w = 0

Modo III

$$\sigma_x = \sigma_y = \sigma_z = \tau_{xy} = \theta$$

$$\tau_{xz} = -\frac{K_{III}}{\sqrt{2 \cdot \pi \cdot r}} \, \mathrm{sen}\, \frac{\theta}{2}$$

$$\tau_{yz} = \frac{K_{III}}{\sqrt{2 \cdot \pi \cdot r}} \, \cos \frac{\theta}{2} \tag{3}$$

u = 0, v = 0

$$w = \frac{K_{III}}{G} \sqrt{\frac{2 \cdot r}{\pi}} \, \mathrm{sen}\, \frac{\theta}{2}$$

Donde:

G- Módulo de elasticidad de segundo orden o módulo de elasticidad a la distorsión.

μ- Coeficiente de Poissón.

K_I, K_{II}, K_{III} - Parámetros que determinan el campo de tensiones y desplazamientos en las vecindades del frente de la grieta para cada uno de los modos de carga y que se denominan Factores de Intensidad de Tensiones para los modos I, II, III respectivamente

En el caso del estado tensional plano en las ecuaciones (1) y (2), para los modos I y II no se consideran las tensones en la dirección perpendicular a las figuras por lo que $\sigma_z = 0$ y se sustituye μ por $\frac{\mu}{1+\mu}$ [10].

En las expresiones 1, 2 y 3 solo se muestra el primer sumando de las expresiones, sin embargo, como se aprecia de las propias ecuaciones el primer término se hace infinito para r =0, los otros términos de la serie no escritos son todos finitos. Esto significa que el primer término es mucho mayor que todos los restantes términos juntos, de manera que, desde el punto de vista práctico, los restantes términos son despreciables en comparación con el primero. Los parámetros de campo K_I, K_{II} y K_{III} solo están presentes en los primeros términos y no en los restantes, de aquí que este primer término sea llamado también: "singularidad del campo de tensiones".

1.4 El Factor de Intensidad de Tensiones.

Las expresiones correspondientes a las tensiones en 1, 2 y 3 se pueden generalizar de la siguiente manera:

$$\sigma_{ij}(r,\theta) = \frac{K_m}{\sqrt{2 \cdot \pi \cdot r}} \cdot f_{ijm}(\theta) \tag{4}$$

Donde i y j se corresponden con x o y dependiendo del caso que se trate y m con el modo de carga correspondiente. Así por ejemplo para σ_{xo} (σ_{xx}) en el modo de carga I.

$$\sigma_x = \sigma_{xx}(r,0) = \frac{K_I}{\sqrt{2 \cdot \pi \cdot r}} \cdot f_{xx_I}(\theta)$$

Y para τ_{xy} en el modo de carga II

$$\tau_x = \sigma_{xy}(r,0) = \frac{K_{II}}{\sqrt{2 \cdot \pi \cdot r}} \cdot f_{xy_{II}}(\theta)$$

Las funciones $f_{ij_m}(\theta)$ son funciones trigonométricas diferentes para cada una de las tensiones en cada modo de carga y son adimensionales. Como ya se ha dicho K_m es un parámetro del campo elástico de tensiones que se denomina factor de intensidad de tensiones para cada uno de los modos de carga I, II, III y por si solo caracteriza el campo de tensiones en cualquier localización en las vecindades del vértice de la grieta cuando r es relativamente pequeña. Si se conoce el valor de K_m, sustituyendo los valores de las coordenadas r y θ se pueden obtener los valores correspondientes de $\sigma_{ij}(r,\theta)$.

Ya que $\sigma_{ij}(r,\theta)$ es una tensión el factor de intensidad de tensiones tiene necesariamente una dimensión de tensión multiplicada por la raíz cuadrada de la longitud a fin de poderla cancelar con la dimensión de la raíz cuadrada de r del denominador, o sea, la unidad del factor de intensidad de tensiones será: $MPa\sqrt{m}$, $kgf \cdot mm^{3/2}$, $ksi\sqrt{plg}$, etc. (1 $kgf \cdot mm^{3/2} =$ 0.3101 $MPa\sqrt{m}$ y 1 $ksi\sqrt{plg}$ = 1,098 $MPa\sqrt{m}$). La única tensión conocida previamente es la tensión remota σ y la única longitud de relevancia en el problema es la dimensión de la grieta a. Por lo tanto la ecuación del factor de intensidad de tensiones debe tener la forma:

$$K_m = \alpha_m \cdot \sigma \cdot \sqrt{a} \tag{5}$$

Donde α_m es un factor adimensional. Como en el denominador de las expresiones de $\sigma_{ij}(r,\theta)$ aparece $\sqrt{2 \cdot \pi \cdot r}$, la constante π se ha incluido en la solución, de modo que:

$$K_m = \beta_m \cdot \sigma \cdot \sqrt{\pi \cdot a} \tag{6}$$

Donde β_m es otro factor adimensional.

σ es la tensión remota, o sea, la tensión que existe en la sección en ausencia de la grieta.

La ecuación (6) es la expresión para el factor de intensidad de tensiones en cualquier grieta cargada con el modo m de carga. En la que σ es la tensión remota, o sea, la tensión en las proximidades de la sección sin considerar la presencia de la grieta. El factor adimensional β_m depende en primer lugar del modo de carga, pero en particular depende de la geometría del elemento y de sus dimensiones. Para el caso de una placa de dimensiones finitas depende del ancho B, pero como es adimensional se expresa generalmente como una función de la relación adimensional a/b. Si el ancho B es muy grande β_m => 1.

Los valores de β_m se determinan para una construcción en particular mediante la aplicación de los métodos exactos de la Teoría de la Elasticidad o mediante la aplicación de los métodos numéricos en particular el Método de los Elementos Finitos [68,85] o por la vía experimental.

1.5 La zona plástica.

Si se analizan las expresiones 1, 2 y 3 sobre la base de la generalización establecida por la ecuación 4 se puede observar que, para el modo de carga I a lo largo del eje x (θ) las funciones $f_{ij_I}(\theta)$ para las tensiones σ_{xx} y σ_{yy} son ambas iguales a 1 mientras que para σ_{y} vale cero, o sea:

$$\sigma_{xx} = \sigma_{yy} = \frac{K_I}{\sqrt{2 \cdot \pi \cdot r}} \tag{7}$$

Si se hace r = 0 las tensiones se hacen infinitas. En la realidad las tensiones no pueden ser localmente infinitas, sino que al alcanzar la tensión un valor igual al límite de fluencia del material comenzará a aparecer deformaciones plásticas en esa región sin que las tensiones incrementen su valor. Las tensiones estarán limitadas por la tensión de fluencia y precisamente en toda una pequeña zona de la punta de la grieta, donde las tensiones en el caso de comportamiento elástico ideal debían superar la tensión de fluencia, aparecerán deformaciones plásticas, conformando lo que se conoce como zona plástica.

En la Fig. 5 a) se muestra la distribución de la tensión σ_y en la región de la punta de la grieta para el caso elástico ideal y en la Fig. 5 b) el caso elasto – plástico real, donde se aprecia en este último caso la zona plástica.

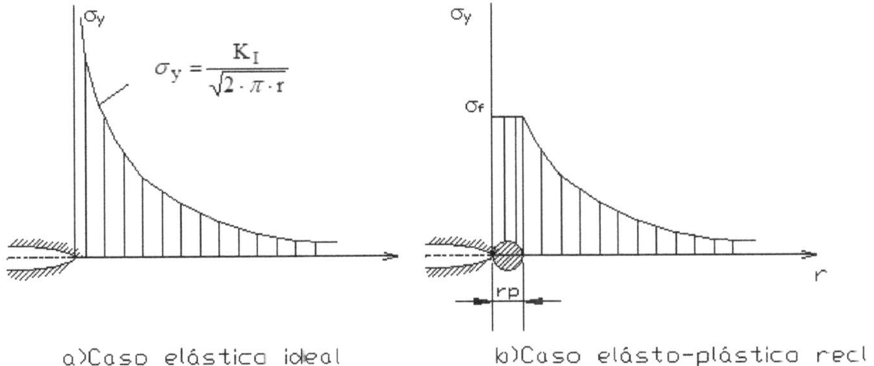

Fig. 5 Distribución de tensiones en la región del vértice de la grieta.

La dimensión r_p de la zona plástica se determina sustituyendo σ_f en la expresión para la tensión σ_y y r por r_p y despejando este último.

$$\sigma_y = \frac{K_I}{\sqrt{2 \cdot \pi \cdot r_p}} = \sigma_f \tag{8}$$

Donde:

$$r_p = \frac{K_I^2}{2 \cdot \pi \cdot \sigma_f^2} \tag{9}$$

Para valores de $r > r_p$ las tensiones serán mayores que la de fluencia, por lo tanto una primera aproximación la zona plástica será un cilindro de diámetro r_p.

Si la zona plástica es pequeña con relación al área sobre la cual la ecuación (4) de la solución asintótica de la Teoría de la Elasticidad puede ser usada, entonces dicha solución podrá ser utilizada aún. De la ecuación (6) vimos que para una placa ancha en comparación con el tamaño de la grieta $K_I = \sigma \cdot \sqrt{\pi \cdot a}$, sustituyendo en la ecuación (9), se tiene que:

$$r_p = \frac{\sigma^2 \cdot a}{2 \cdot \sigma_f^2} \tag{10}$$

Si la tensión remota es igual a la mitad de la tensión de fluencia $\sigma/\sigma_f = 0.5$, entonces:

$$r_p = 0.125 \cdot a \tag{11}$$

O sea, que el radio de la zona plástica es un 12.5 % de la dimensión característica de la grieta a. La experiencia demuestra que incluso si la extensión de la zona plástica es del orden del 20 % de la longitud de la grieta, el campo de tensiones alrededor de la zona plástica aún podrá ser determinado por las fórmulas asintóticas.

Mas adelante se verá que la zona plástica es generalmente mucho menor que la obtenida a partir de la ecuación (10) y es del orden del 1 al 2% del tamaño de la grieta a, por lo que existirán muchos casos donde la solución asintótica podrá ser utilizada.

1.6. Tensión plana y deformación plana.

Si una placa está sometida a un estado tensional uniaxial de tracción sufrirá un alargamiento longitudinal con una deformación unitaria longitudinal elástica $\varepsilon_1 = \dfrac{\sigma}{E}$ y una contracción transversal también elástica con una deformación unitaria transversal $\varepsilon_t = -\mu \cdot \varepsilon_1 = -\mu \dfrac{\sigma}{E}$, lo que significa que la contracción transversal es del orden del 33% de la longitudinal ($\mu \cong 0.33$). Cuando la tensión σ alcanza el límite de fluencia, se producen deformaciones plásticas y la contracción transversal aumentará a causa de que durante la fluencia el volumen permanece constante, o sea, la deformación de volumen es cero.

La deformación de volumen en el caso del estado tensional triaxial se expresa como:

$$e = \frac{1-2\mu}{E}\left(\sigma_1 + \sigma_2 + \sigma_3\right) \tag{12}$$

En el caso de la placa sometida a tracción la expresión (12) se reduce a:

$$e = \frac{1-2\mu}{E} \cdot \sigma_1 \tag{13}$$

Si $\sigma_1 = \sigma_f$, ocurren las deformaciones plásticas pero $e = 0$ por lo que se tendrá que cumplir que $\mu = 0.5$, o sea, el material en estas condiciones se comportará como si el coeficiente de Poissón fuese $\mu = 0.5 > 0.33$, lo que explica el incremento de la contracción transversal en la zona plástica.

En la figura 6 se muestra en caso de la presencia de una grieta en una placa. En su vértice las tensiones serán localmente muy altas y aparecerá la zona plástica, y es de esperar una gran deformación transversal en esta zona.

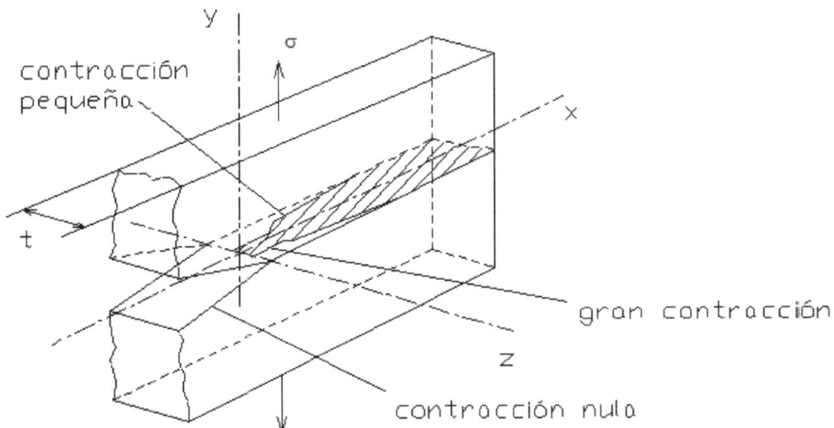

Fig. 6 Perfil de la contracción transversal en una placa con grieta.

En la zona de la grieta la tensión $\sigma_y = 0$ y por lo tanto no se producirá deformación transversal alguna. A medida que aumenta la distancia desde la punta de la grieta las tensiones irán disminuyendo progresivamente y por lo tanto la contracción transversal también irá disminuyendo tal como se muestra en la Fig. 6 en la superficie rayada.

La posibilidad real de que el perfil de la contracción transversal sea el mostrado en la Fig. 6 dependerá del espesor t de la placa. En la figura 7 se muestra la comparación a continuación entre el comportamiento de dos placas con una grieta, una de espesor pequeño t_1 y otra de espesor mucho más grande t_2. Ambas placas presentan una grieta del mismo tamaño y están sometidas a la misma tensión σ por lo que el factor de intensidad de tensiones será el mismo y el radio de a zona plástica será el mismo para ambas placas.

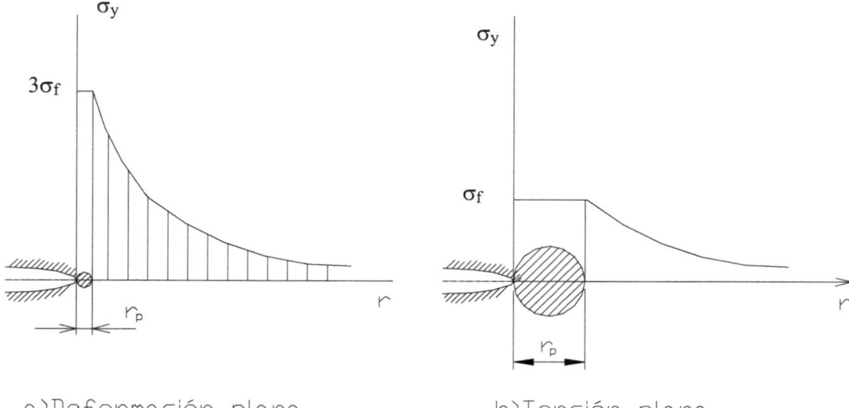

Fig. 7 Distribución de tensiones y tamaño de la zona plástica en el caso de deformación y tensión plana.

Si la placa es gruesa la deformación transversal será mucho más pequeña, por un lado por el hecho de que la longitud del cilindro que representa la zona plástica será mayor, para que el mismo sufra, contracción, el volumen de material que se encuentra en su alrededor que no está contraído o lo hizo en mucho menor grado se opondrá a la contracción del mismo y la contracción transversal no podrá manifestarse, en el caso límite se puede considerar que esta contracción transversal sea restringida totalmente y la deformación transversal en la dirección del eje z ε_z = 0. Si esta situación límite ocurre el cilindro deberá estar sometido a una tensión σ_z que se puede calcular de la expresión para ε_z de la ley de Hooke generalizada, o sea:

$$\varepsilon_z = \frac{1}{E} \cdot \left[\sigma_z - \mu \cdot \left(\sigma_x + \sigma_y \right) \right] = 0 \tag{14}$$

De donde:

$$\sigma_z = \mu \cdot \left(\sigma_x + \sigma_y \right) \tag{15}$$

En la zona del vértice de la grieta el material estará sometido a un estado tensional triaxial con las tres tensiones del mismo orden $\sigma_x \neq 0$, $\sigma_y \neq 0$ y $\sigma_z \neq 0$, sin embargo, el estado deformacional será plano $\varepsilon_x \neq 0$, $\varepsilon_y \neq 0$, $\varepsilon_z = 0$. Esta condición se conoce como deformación plana.

Si considera la placa muy delgada, la longitud del cilindro que representa la zona plástica podrá ser incluso menor que su diámetro. Este cilindro tiene el mismo diámetro que el caso anterior pero su longitud es mucho menor. El volumen de material no contraído en sus alrededores es mucho menor, la oposición del mismo a la contracción mucho menor. La zona plástica se contraerá entonces libremente $\varepsilon_z \neq 0$ y como no existe restricción a esta contracción $\sigma_z = 0$.

En este caso el estado tensional en la punta de la grieta será plano $\sigma_x \neq 0$, $\sigma_y \neq 0$ y $\sigma_z = 0$, pero el estado deformacional será triaxial $\varepsilon_x \neq 0$, $\varepsilon_y \neq 0$, $\varepsilon_z \neq 0$. Esta condición se conoce como tensión plana.

Evidentemente, la relación entre la longitud (espesor de la placa) y el diámetro de la zona plástica será el factor gobernante en la existencia de un estado de deformación plana, tensión plana o condición intermedia. Así:

Si $\dfrac{t}{r_p} = \dfrac{t}{\left(K_I/\sigma_f\right)^2} \geq Q$ existe deformación plana   (16)

Si $\dfrac{t}{r_p} = \dfrac{t}{\left(K_I/\sigma_f\right)^2} \leq q$ existe tensión plana   (17)

Si $Q \geq \dfrac{t}{r_p} \geq q$ existe una condición intermedia   (18)

Los valores de Q y q han sido determinados experimentalmente. Broek [11] da los siguientes valores $Q = 2.5$ y $q = \dfrac{1}{\pi}$. Las condiciones (16), (17) y (18) se escribirán entonces como sigue:

Deformación plana $\qquad t \geq 2.5 \cdot \left(\dfrac{K_I}{\sigma_f}\right)^2$ (19)

Tensión plana $\qquad t \geq 0.3 \cdot \left(\dfrac{K_I}{\sigma_f}\right)^2$ (20)

Condición intermedia $\quad 0.3 \cdot \left(\dfrac{K_I}{\sigma_f}\right)^2 \leq t \leq 2.5 \cdot \left(\dfrac{K_I}{\sigma_f}\right)^2$ (21)

1.7 Tamaño y forma general de la zona plástica.

En el caso de deformación plana las tensiones σ_x, σ_y y σ_z en la zona del vértice de a grieta son todas del mismo orden. Para determinar la condición de fluencia es necesario aplicar alguno de los criterios de resistencia.

Si se aplica la cuarta hipótesis de resistencia o criterio de Huber-Mises-Henke, para obtener la condición de aparición de las deformaciones plásticas bajo esta condición de estado tensional, se obtiene que:

$$\sigma_{eqIV} = \sqrt{\sigma_1^2 + \sigma_2^2 + \sigma_3^2 - \sigma_1 \cdot \sigma_2 - \sigma_2 \cdot \sigma_3 - \sigma_3 \cdot \sigma_1} = \sigma_f \qquad (22)$$

Para el caso de deformación plana:

$$\sigma_1 = \sigma_y, \ \sigma_2 = \sigma_x = \sigma_y \ \text{y} \ \sigma_3 = \sigma_z = \mu \cdot \left(\sigma + \sigma_y\right) = 2 \cdot \mu \cdot \sigma_y$$

Sustituyendo:

$$\sigma_{eqIV} = \sqrt{\sigma_y^2 + \sigma_y^2 + \left(2\mu \cdot \sigma_y\right)^2 - \sigma_y^2 - 2 \cdot \sigma_y\left(2 \cdot \mu \cdot \sigma_y\right)} = \sigma_f$$

$$\sigma_{eqIV} = \sqrt{\sigma_y^2 + \sigma_y^2 + 4 \cdot \mu^2 \cdot \sigma_y^2 - \sigma_y^2 - 4 \cdot \mu \cdot \sigma_y^2} = \sigma_f$$

De donde:

$$\sigma_y \sqrt{1 - 4 \cdot \mu + 4 \cdot \mu^2} = \sigma_f$$

$$\sigma_y \sqrt{(1 - 2 \cdot \mu)^2} = \sigma_f \quad \text{si se toma } \mu = 0.33$$

$$\sigma_y = \frac{\sigma_f}{1 - 2 \cdot \mu} \cong 3 \cdot \sigma_f \tag{23}$$

En el caso de la tensión plana

$$\sigma_1 = \sigma_y, \ \sigma_2 = \sigma_x = \sigma_y \ \text{y} \ \sigma_3 = 0$$

Se obtiene en entonces que:

$$\sigma_{eqIV} = \sqrt{\sigma_y^2 + \sigma_y^2 - \sigma_y^2} = \sigma_f$$

$$\sigma_y = \sigma_f \tag{24}$$

Consecuentemente la zona plástica mostrada en la Figura 5 b) es solo válida para el caso de tensión plana. En el caso de la deformación plana la zona plástica es mucho menor. En la Figura 7 a) y b) se muestran ambas zonas plásticas.

Si se aplica ahora la condición (8) para el caso de la deformación plana para hallar el tamaño de la zona plástica se obtiene que:

$$\sigma_y = \frac{K_I}{\sqrt{2 \cdot \pi \cdot r_p}} = 3 \cdot \sigma_f \tag{25}$$

$$r_p = \frac{K_I^2}{18 \cdot \pi \cdot \sigma_f^2} \tag{26}$$

El tamaño de la zona plástica en el caso de la deformación plana es mucho menor que en la tensión plana. Independientemente del espesor que tenga la placa, la tensión σ_z no podrá existir en la superficie libre exterior, así que en esta zona existirá siempre tensión plana y por lo tanto en esa zona la zona plástica tiene una gran dimensión. En el interior de la placa existirá deformación plana y la zona plástica tendrá una dimensión mucho menor. La forma real de la zona plástica será como se muestra en la figura 8.

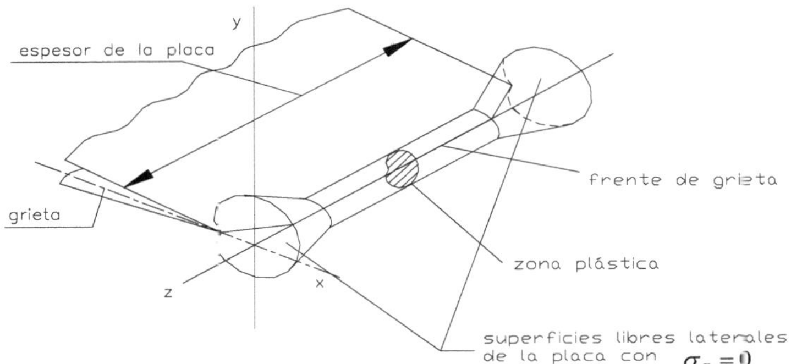

Fig. 8 Perfil real de la zona plástica

1.8 Tipos de fractura y tipos de análisis básicos de la Mecánica de la Fractura.

Analizando dos placas del mismo material pero de diferentes espesores, una de pequeño espesor que cumple la condición de tensión plana y otra de gran espesor para la cual se cumple la condición de deformación plana. Ambas placas tienen una grieta del mismo tamaño y están cargadas con la misma tensión nominal. Ambas placas tencrán el mismo K_I ya que $K_I = \sigma \cdot \sqrt{\pi \cdot a}$.

Con el incremento de la tensión en la placa fina comienzan a aparecer las deformaciones plásticas en la punta de la grieta, la zona plástica aumenta de tamaño a través de todo el espesor y aparece el estado de tensión plana y el campo de tensiones se hace más favorable. Si se continúa aumentando la tensión, continúa aumentando la zona plástica a causa del incremento de las tensiones tangenciales máximas en los planos inclinados a 45° con relación a la tensión transversal de la placa, hasta que aparece la fractura por deslizamiento en los planos de cortante máximo (τ_{max}). Este tipo de fractura es llamada fractura inclinada o fractura a cortante (ver figura 9)

En el caso de la placa de gran espesor la condición es de deformación plana la cual restringe la aparición de las deformaciones plásticas, la zona plástica será mucho más pequeña y con el incremento de la tensión la grieta comienza a crecer y la fractura tendrá lugar a niveles de tensión mucho más pequeños que en la placa fina. La fractura en este caso es originada por el crecimiento de la grieta en el plano de la sección transversal y se conoce como fractura plana o en escuadra y su comportamiento se muestra en la figura 9.

Para una placa de espesor intermedio $t_1 < t_3 < t_2$ la fractura final es mixta (o de cono - copa), o sea, aparece una zona próxima a las superficies libres laterales de la placa donde la fractura es inclinada, a causa de la presencia en esa zona de la tensión plana y en el centro del espesor de la placa aparecerá una zona mas o menos extendida, de dimensión x, donde la fractura será a escuadra, a causa de la presencia de la deformación plana en esa zona. El % de la relación de la zona de fractura a escuadra con relación al espesor de la placa, es un índice de la presencia de tensión plana o deformación plana, o sea:

$$P = \frac{100 \cdot X}{t} \quad \% \tag{27}$$

Un esquema de la relación entre P y K$_c$ se muestra en la Fig. 10.

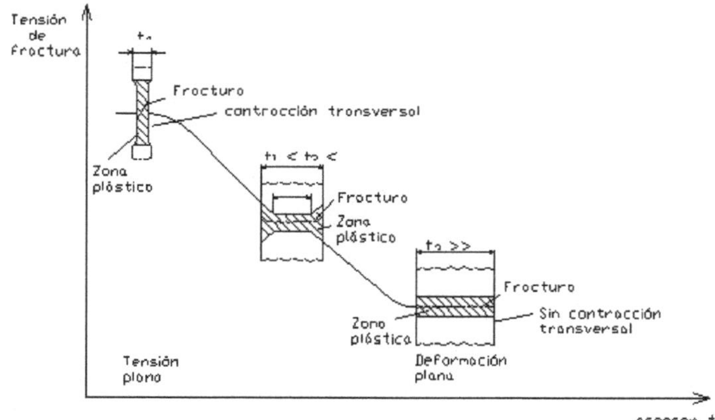

Fig. 9 Aspecto de la fractura en la tensión plana y en la deformación plana.

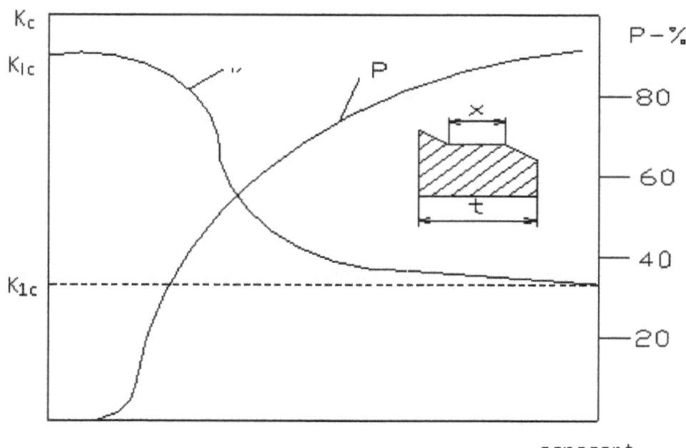

Fig. 10 Relación entre P y K$_c$ en dependencia del espesor de la placa t.

1.9 Tenacidad a la fractura para la tensión plana y la deformación plana.

Una grieta crece hasta la destrucción cuando las condiciones de tensión en su punta exceden la capacidad de resistencia del material para dichas condiciones de tensión. Debido a que el campo de tensiones es descrito por el factor de intensidad de tensiones, estas condiciones críticas estarán asociadas con un factor de intensidad de tensiones crítico. Este valor crítico del factor de intensidad de tensiones se designa por $K_{I_c}(K_{II_c}, K_{III_c})$ y se denomina: tenacidad a la fractura. El crecimiento incontrolable de la grieta ocurre cuando K$_I$

excede la tenacidad a la fractura K_{I_c} de la misma forma que la deformación plástica ocurre cuando la tensión σ excede el valor crítico de la tensión en el límite de fluencia σ_f.

En el epígrafe anterior se establecio que la tenacidad a la fractura en el caso de la deformación plana es mucho menor que en el caso de la tensión plana, de aquí que por K_{I_c} se designe la tenacidad a a fractura en el caso de deformación plana y la tenacidad en el caso de tensión plana se designa por K_{1_c}, donde los subíndices I y 1 denotan el modo I de carga. El valor K_{1_c} es > que K_{I_c} (Fig. 11).

En el caso de situaciones intermedias la tenacidad del material tomará valores intermedios en dependencia del espesor como se muestra en la zona de transición de la Fig. 11.

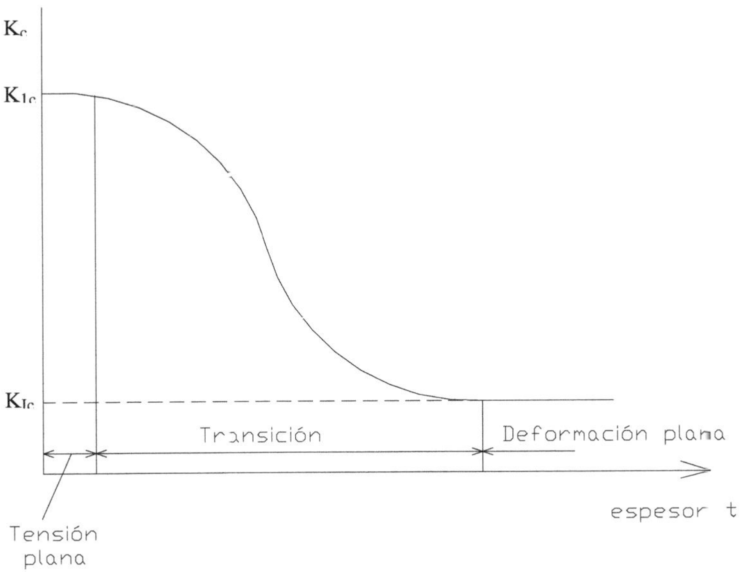

Fig. 11 Tenacidad a la fractura en la tensión plana y deformación plana.

1.10 Crecimiento subcrítico de la grieta.

El tamaño de la grieta para la cual ocurre la fractura se conoce como tamaño crítico de la grieta (a_c). El crecimiento de la grieta desde su aparición hasta que alcanza su tamaño crítico se denomina crecimiento subcrítico de la grieta. El crecimiento subcrítico puede tener lugar a causa de diferentes situaciones como son:

✓ Acción de tensiones cíclicas: crecimiento de la grieta por fatiga.

✓ Acción de tensiones constantes en un ambiente corrosivo: crecimiento de la grieta por corrosión bajo tensión.

✓ Acción de tensiones cíclicas en un medio ambiente corrosivo: crecimiento por fatiga - corrosión

✓ Tensiones constantes en presencia de hidrógeno: crecimiento por absorción de hidrógeno.

✓ Tensiones constantes bajo altas temperaturas: crecimiento por termofluencia.

✓ Combinaciones de las anteriores

En la práctica el mayor interés lo tiene el hecho de conocer en que momento de la vida útil de un elemento aparecerán las grietas y con que velocidad crecerán una vez que han aparecido, con el objetivo de poder conocer el tiempo que se dispone para su detección y acción. Una grieta no puede ser detectada hasta que no alcanza un tamaño lo suficientemente grande. El tamaño de la grieta detectable se designa por a_d. El tiempo que demora la grieta en crecer desde a_d hasta a_c es el tiempo disponible para la detección de la grieta como se muestra en la figura 12. Este tiempo en muchos casos puede ser calculado mediante la Mecánica de la Fractura.

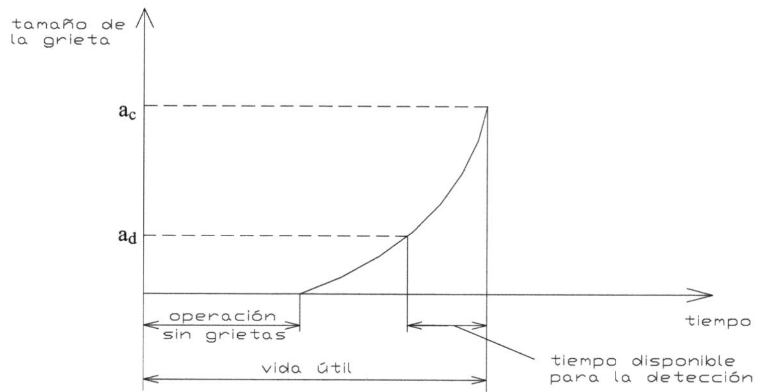

Fig. 12 Crecimiento subcrítico de la grieta.

1.11 Fractura dúctil y frágil.

Analizando las tres placas A, B, C mostradas en la figura 13 que son de materiales diferentes con igual límite de fluencia σ_f pero con diferentes tenacidades a la fractura: la placa A de baja tenacidad, la placa B de tenacidad intermedia y la placa C de alta tenacidad. Las tres placas tienen grietas idénticas. Los tres elementos serán cargados simultáneamente con la misma tensión σ y como tiene igual longitud de la grieta e igual límite de fluencia, tendrán también igual zona plástica e igual contracción. Debido a su baja tenacidad la fractura ocurrirá primero en la placa A con una zona plástica relativamente pequeña en el vértice de la grieta que va siendo arrastrada por esta a medida que avanza y una tensión nominal menor que la fluencia $\sigma_2 < \sigma_f$, esta es una fractura frágil. Las placas B y C debido a su mayor tenacidad a la fractura no sufrirán aún la falla. Será necesario elevar el nivel de la tensión, lo que implica que la zona plástica irá aumentando y puede ocurrir que en el momento de la fractura toda la zona agrietada sea plástica aún cuando la tensión nominal $\sigma_3 < \sigma_f$. Este tipo de falla se denomina quasifrágil.

La fractura de la placa C, debido a su elevada tenacidad requerirá un incremento mayor de la tensión para la cual puede ocurrir la fluencia general, o sea, $\sigma_4 > \sigma_f$. En este caso la fractura es dúctil porque se produce en condiciones de elevada plasticidad y tensión por encima del límite de fluencia.

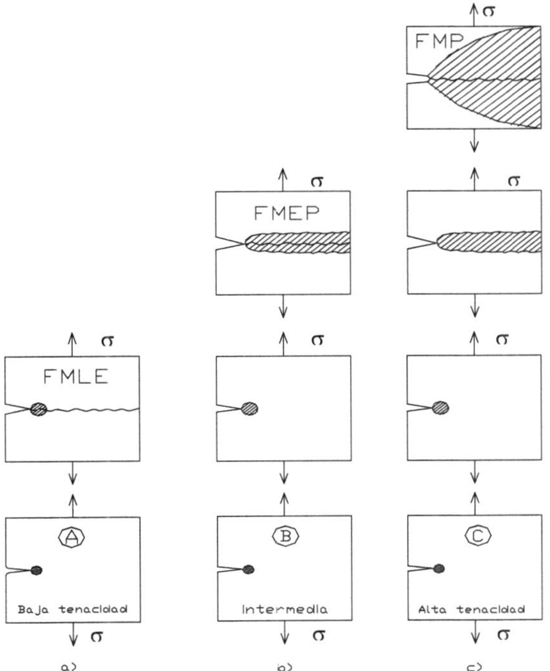

Fig. 13 Tipos de fractura según la tenacidad a la fractura del material.

1.12 Los cuatro tipos de análisis básicos de la Mecánica de la Fractura.

La fractura de la placa A del epígrafe anterior ocurrió con una zona plástica muy pequeña. En este caso el factor de intensidad de tensiones K puede ser usado como un adecuado descriptor del campo de tensiones en la punta de la grieta. Como este factor es un parámetro de campo elástico, este tipo de análisis de la fractura es llamado Mecánica de la Fractura Lineal Elástica (MFLE).

En la fractura de la placa B la zona plástica ya no es pequeña con relación al tamaño de la grieta. En este caso el factor de intensidad de tensiones K no podrá ser usado como descriptor del campo de tensiones, será necesario utilizar otro descriptor de campo llamado la integral J. El análisis de la Fractura basado en la integral J es llamada Mecánica de la Fractura Elasto Plástica (MFEP).

La fractura completamente dúctil de la placa C no puede ser analizada con los parámetros del campo de tensiones K o J, en este caso se hace uso del llamado análisis de colapsación es también conocido como Mecánica de la Fractura Plástica (MFP).

El análisis del crecimiento subcrítico de la grieta es también basado en K y se denomina Mecánica de la Fractura Subcrítica (MFSC).

1.13 Mecánica de la Fractura Lineal Elástica (MFLE).

En el análisis del campo elástico de las tensiones, en una región limitada del frente de la grieta el comportamiento de todas estas puede ser descrito mediante un simple parámetro del campo elástico de las tensiones, K, denominado Factor de Intensidad de Tensiones. La región donde K caracteriza el estado tensional se llama región de dominio de K. (ver figura 14) más allá de la región de dominio de K se requieren un mayor número de parámetros para describir el estado tensional. Muy cerca del vértice de la grieta las tensiones son tan altas que ocurre la deformación plástica. Esta zona como se explicó anteriormente se denomina zona plástica.

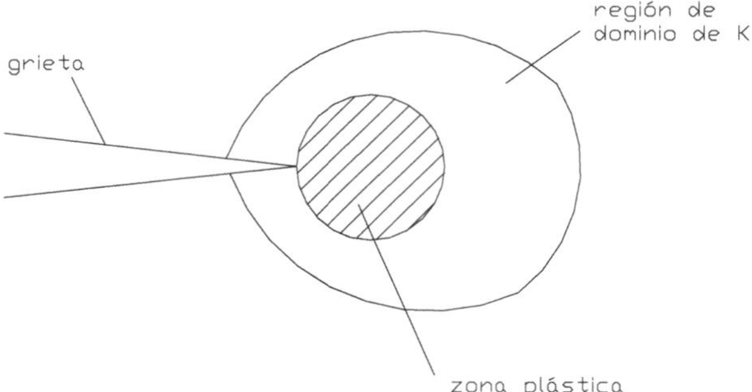

Fig. 14 Zona plástica y región de dominio e K en la FMLE.

Producto de que K ha sido calculada sobre la base de un análisis elástico de tensiones el estado tensional en la zona plástica no puede ser descrito a través de este parámetro. Sin embargo si la zona plástica es pequeña y esta incluida dentro de la región de dominio de K, las dimensiones de esta zona y la distribución de las deformaciones dentro de ella están directamente relacionadas con K. Esta es la condición básica de la MFLE. Si la zona plástica es más grande que la región de dominio de K, este parámetro se torna inutilizable.

Capitulo 2. Tensión de fractura en la MFLE bajo deformación plana.

El factor de intensidad de tensiones K, caracteriza completamente el campo de tensiones en la región del vértice de la grieta en el caso de la MFLE. Esto significa que en el caso de deformación plana, igual K implica similitud y por la tanto las dos grietas deben tener el mismo comportamiento. La fractura tendrá lugar cuando las tensiones en el vértice de la grieta exceden el valor crítico. Como K_I es una medida del campo de tensiones en el vértice de la grieta, la fractura ocurrirá cuando K_I (para el modo I de carga) exceda un cierto valor crítico K_{Ic}. Este valor crítico del factor de intensidad de tensiones, como se expresó anteriormente, se conoce como tenacidad a la fractura. Si se conoce K_{Ic} se puede evaluar cuando una determinada grieta en un elemento del mismo material provocará o no la fractura, ya que para todas las grietas que causarán la fractura se cumple que $K_I \geq K_{Ic}$.

De la misma manera existirán casos donde igual K no garantiza similitud. Estos casos quedan fuera del campo de acción de la MFLE.

En general, se puede medir K_{Ic} evaluando en una máquina de ensayo a tracción una probeta con una grieta. Como $K_I = \beta \cdot \sigma \cdot \sqrt{\pi \cdot a}$, si se selecciona una probeta cuya geometría es conocida se puede conocer β. Como se conoce el tamaño de la grieta a se puede, durante el ensayo, determinar la tensión para la cual la probeta falla y se puede calcular el valor de K_I para el cual se produjo la fractura. Este valor será igual a la tenacidad a la fractura K_{Ic} del material ensayado. Para un elemento cualquiera del mismo material si se conoce β se puede calcular entonces, para que tensión una grieta dada provoque la fractura. Como $K_I = \beta \cdot \sigma \cdot \sqrt{\pi \cdot a}$ y la falla ocurre cuando $K_I = K_{Ic}$ se tiene que:

$$\sigma_c = \frac{K_{Ic}}{\beta \cdot \sqrt{\pi \cdot a}} \tag{28}$$

O se puede determinar para un nivel de tensión dado en el elemento la dimensión de la grieta que provocará la fractura (tamaño crítico de la grieta).

$$a_c = \frac{1}{\pi} \cdot \left(\frac{K_{Ic}}{\beta \cdot c} \right)^2 \tag{29}$$

2.1 Cálculo del factor de intensidad de tensiones para el caso de una configuración dada.

Las expresiones para el cálculo de los factores de intensidad de tensiones para muchos casos de elementos de una configuración especifican en presencia de grietas han sido determinadas y aparecen en los manuales como [117,129,132] o en otras publicaciones [40,127,141]. Una selección de estas expresiones para el caso de las configuraciones más frecuentes se da en las tabla s guiente.

Tabla1. Ecuaciones de cálculo del factor de intensidad de tensiones para diferentes esquemas de carga y geometría.

Caso	Carga, dimensiones y disposición de la grieta.	Esquema	Referencia	K_I, K_{II}, K_{III}
1	Grieta pasante en placa infinita o semiinfinita bajo el estado tensional de tracción uniaxial.	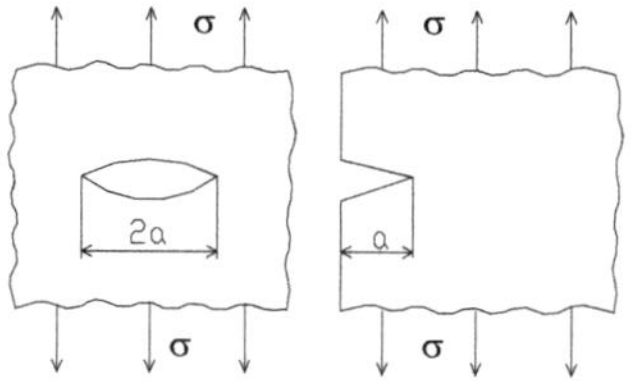	[30] [63]	Placa infinita $K_I = \sigma \cdot \sqrt{\pi \cdot a}$, $K_{II} = K_{III} = 0$ Placa semiinfinita $K_I = 1.12 \cdot \sigma \cdot \sqrt{\pi \cdot a}$ si la grieta tiene forma de semicírculo $K_I = 0.65 \cdot \sigma \cdot \sqrt{\pi \cdot a}$
2	Grieta pasante en placa infinita bajo el estado tensional plano de cortante	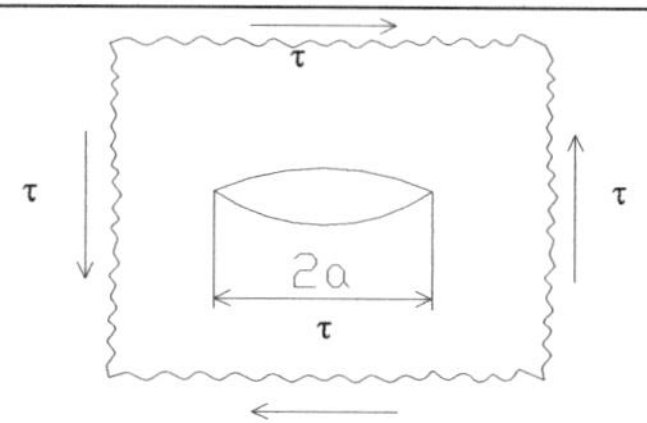	[30]	$K_{II} = \tau \cdot \sqrt{\pi \cdot a}$, $K_I = K_{III} = 0$

3	Grietas pasantes dispuestas periódicamente en una línea en placa infinita bajo tracción biaxial uniforme.	[30]	$K_I = \sigma \cdot \sqrt{\pi \cdot a} \cdot \left(\dfrac{2 \cdot b}{\pi \cdot a} \cdot tan \dfrac{\pi \cdot a}{2 \cdot b} \right)^{1/2}$ $K_{II} = K_{III} = 0$
4	Grieta pasante en una placa infinita bajo una fuerza concentrada F sobre su superficie	[30]	$K_I = \dfrac{1}{2\sqrt{\pi \cdot a}} \left[P\left(\dfrac{a+b}{a-b} \right)^{1/2} + Q\left(\dfrac{k-1}{k+1} \right) \right]$ $K_{II} = \dfrac{1}{2\sqrt{\pi \cdot a}} \left[-P\left(\dfrac{k-1}{k+1} \right)^{1/2} + Q\left(\dfrac{a+b}{a-b} \right)^{1/2} \right]$ $k = 3 - 4\mu$ (para deformación plana)
5	Grieta pasante curvilínea de radio R extendida en un ángulo 2α en una placa infinita bajo tracción biaxial uniforme.	[30]	$K_I = \dfrac{\sigma \cdot (\pi \cdot R)^{1/2}}{\left(1 + sen^2 \dfrac{\alpha}{2} \right)} \cdot \left[\dfrac{sen\,\alpha \cdot (1 + cos\alpha)}{2} \right]^{1/2}$ $K_{II} = \dfrac{\sigma \cdot (\pi \cdot R)^{1/2}}{\left(1 + sen^2 \dfrac{\alpha}{2} \right)} \cdot \left[\dfrac{sen\,\alpha \cdot (1 - cos\alpha)}{2} \right]^{1/2}$

| 6 | Grieta pasante inclinada en una placa infinita bajo tracción uniaxial. |

 | [50] | $$K_I = \sigma \cdot \mathrm{sen}^2 \beta \cdot \sqrt{\pi \cdot a}$$ $$K_{II} = \sigma \cdot \mathrm{sen}\,\beta \cdot \cos\beta\sqrt{\pi \cdot a}$$ |
| 7 | Grieta pasante en una placa infinita sometida a la acción de una fuerza F y un par M en un punto remoto. | 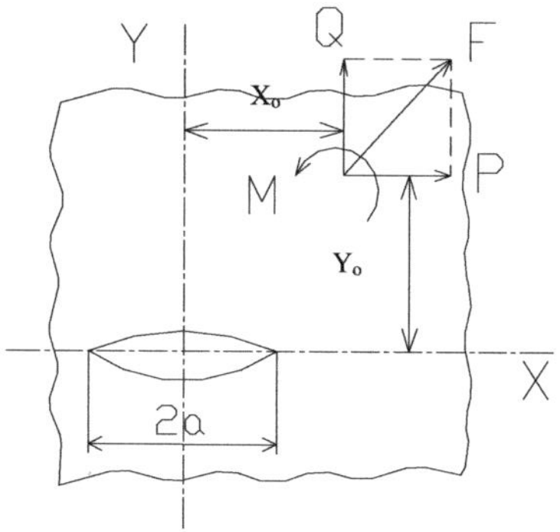

 | [30] | En el extremo derecho $$K = \frac{1}{2 \cdot \sqrt{\pi \cdot a}\,(1+k)} \cdot (P + i \cdot Q) \cdot \left[\frac{a + Z_o}{Z_o^2 - a^2} - \frac{k \cdot (a + Z_o)}{\left(\overline{Z}_o^2 - a^2\right)^{1/2}} - 1 + k \right] +$$ $$+\, \frac{a \cdot (P - i \cdot Q) \cdot (\overline{Z}_o - Z_o) + a \cdot i \cdot (1 + k) \cdot M}{(Z_o - a) \cdot \left(\overline{Z}_o^2 - a^2\right)^{1/2}}$$ Para tensión plana $\quad k = \dfrac{(3 - \mu)}{(1 + \mu)}$ Para deformación plana $\quad k = 3 - 4 \cdot \mu$ $$Z = x_o + i \cdot y_o \qquad \overline{Z}_o = x_o - i \cdot y_o$$ |

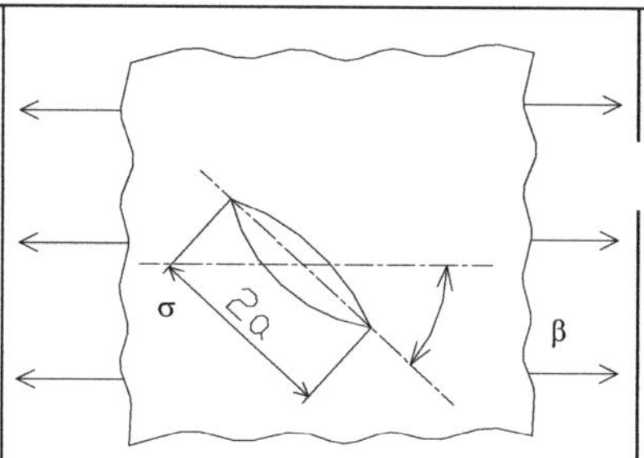

| 8 | Dos grietas iguales colineales en una placa infinita sometida a un estado tensional plano compuesto de tracción y cortante puro. | | [30] | En los extremos próximos:

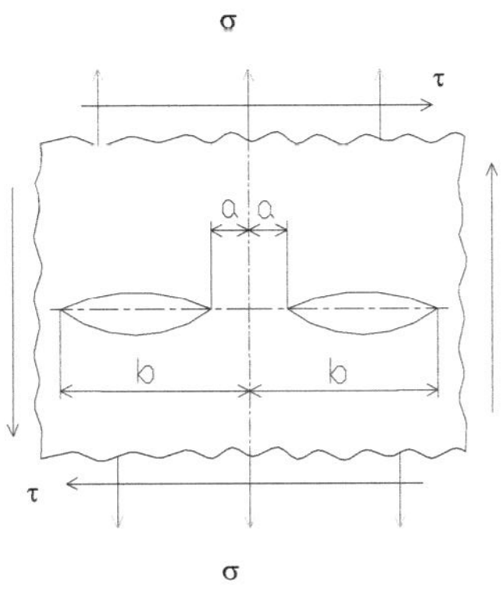

$$K_I = \sigma \cdot \sqrt{\pi \cdot a} \cdot \frac{b^2 \cdot \dfrac{E(\mu)}{K(\mu)} - a^2}{\left(b^2 - a^2\right)^{1/2}}$$

$$K_I = \tau \cdot \sqrt{\pi \cdot a} \cdot \frac{b^2 \cdot \dfrac{E(\mu)}{K(\mu)} - a^2}{\left(b^2 - a^2\right)^{1/2}}$$

En los extremos alejados:

$$K_I = \sigma \cdot \sqrt{\pi \cdot b} \cdot \left(\frac{1}{\mu} - \frac{E(\mu)}{\mu \cdot K(\mu)}\right)$$

$$K_{II} = \tau \cdot \sqrt{\pi \cdot b} \cdot \left(\frac{1}{\mu} - \frac{E(\mu)}{\mu \cdot K(\mu)}\right)$$

donde:

$$\mu = \left[1 - \left(\frac{a^2}{b^2}\right)\right]^{1/2}$$

F, y K son las integrales elípticas completas $E(\mu)$ y $K(\mu)$ de primero y segundo orden respectivamente. |

#	Descripción	Figura	Ref.	K_I
9	Grieta pasante en una placa infinita de espesor t bajo flexión pura con un momento distribuido remoto de magnitud m.	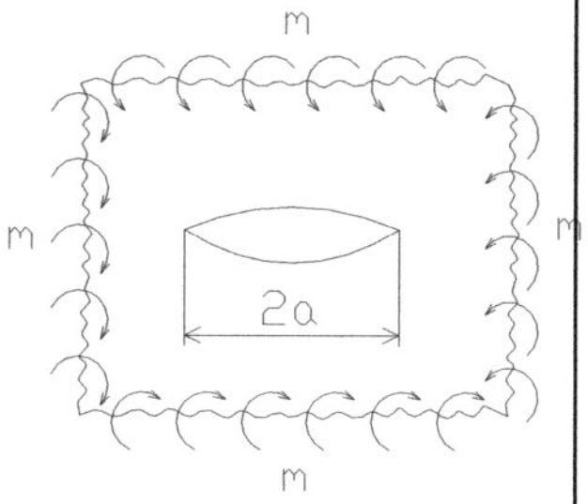 	[63]	$$K_I = \frac{6 \cdot m}{t^2} \cdot \sqrt{\pi \cdot a}$$
10	Grieta pasante central en una placa de ancho 2b bajo tracción uniaxial.	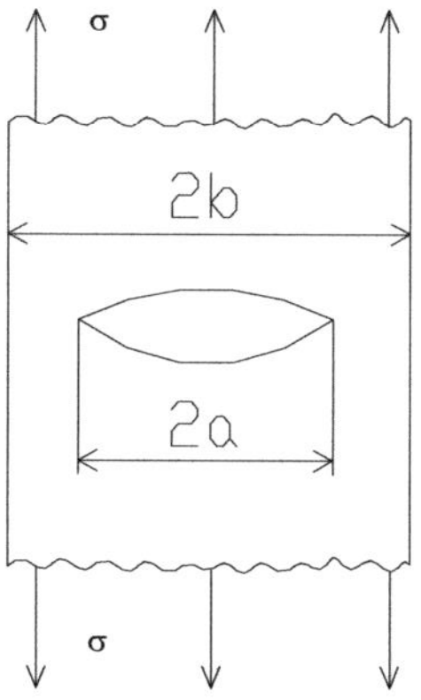 	[30]	$$K_I = \sigma \cdot \sqrt{\pi \cdot a} \cdot f\left(\frac{a}{b}\right)$$ <table><tr><td>a/b</td><td>f (a/b)</td></tr><tr><td>0.074</td><td>1.0</td></tr><tr><td>0.207</td><td>1.03</td></tr><tr><td>0.275</td><td>1.05</td></tr><tr><td>0.337</td><td>1.09</td></tr><tr><td>0.410</td><td>1.13</td></tr><tr><td>0.466</td><td>1.18</td></tr><tr><td>0.535</td><td>1.25</td></tr><tr><td>0.592</td><td>1.33</td></tr></table>
			Solución de feddersen referida en [5] [63]	$$K_I = \sigma \cdot \sqrt{\pi \cdot a} \cdot \sqrt{\sec \frac{\pi \cdot a}{2 \cdot b}}$$ $$K_I = \sigma \cdot \left[1 + 0.128 \cdot \left(\frac{a}{b}\right) - 0.288 \cdot \left(\frac{a}{b}\right)^2 + 0.1525 \cdot \left(\frac{a}{b}\right)^3\right] \cdot \sqrt{\pi \cdot a}$$ Para a/b < 0.7

| 11 | Dos grietas laterales pasantes en una placa de ancho 2b y longitud L bajo tracción uniaxial. | 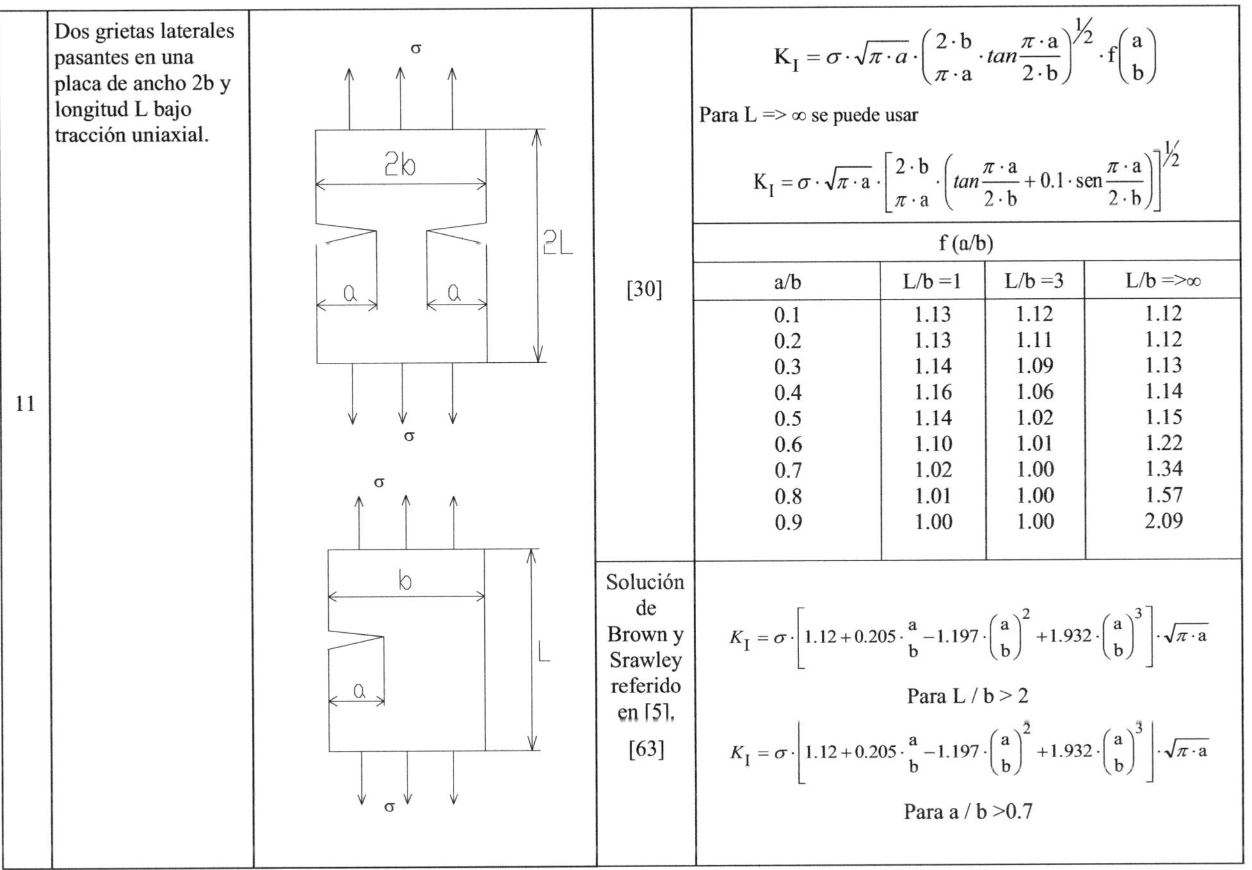 | [30] | $$K_I = \sigma \cdot \sqrt{\pi \cdot a} \cdot \left(\frac{2 \cdot b}{\pi \cdot a} \cdot tan\frac{\pi \cdot a}{2 \cdot b} \right)^{\frac{1}{2}} \cdot f\left(\frac{a}{b} \right)$$ Para L => ∞ se puede usar $$K_I = \sigma \cdot \sqrt{\pi \cdot a} \cdot \left[\frac{2 \cdot b}{\pi \cdot a} \cdot \left(tan\frac{\pi \cdot a}{2 \cdot b} + 0.1 \cdot sen\frac{\pi \cdot a}{2 \cdot b} \right) \right]^{\frac{1}{2}}$$ |

f (a/b)

a/b	L/b =1	L/b =3	L/b =>∞
0.1	1.13	1.12	1.12
0.2	1.13	1.11	1.12
0.3	1.14	1.09	1.13
0.4	1.16	1.06	1.14
0.5	1.14	1.02	1.15
0.6	1.10	1.01	1.22
0.7	1.02	1.00	1.34
0.8	1.01	1.00	1.57
0.9	1.00	1.00	2.09

Solución de Brown y Srawley referido en [5].

[63]

$$K_I = \sigma \cdot \left[1.12 + 0.205 \cdot \frac{a}{b} - 1.197 \cdot \left(\frac{a}{b} \right)^2 + 1.932 \cdot \left(\frac{a}{b} \right)^3 \right] \cdot \sqrt{\pi \cdot a}$$

Para L / b > 2

$$K_I = \sigma \cdot \left[1.12 + 0.205 \cdot \frac{a}{b} - 1.197 \cdot \left(\frac{a}{b} \right)^2 + 1.932 \cdot \left(\frac{a}{b} \right)^3 \right] \cdot \sqrt{\pi \cdot a}$$

Para a / b >0.7

| 12 | Grieta pasante central en una placa de ancho b y espesor t bajo flexión pura. | 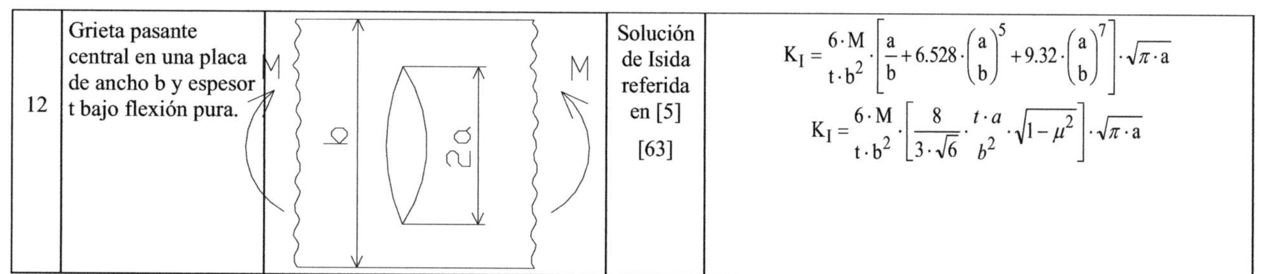 | Solución de Isida referida en [5]

[63] | $$K_I = \frac{6 \cdot M}{t \cdot b^2} \cdot \left[\frac{a}{b} + 6.528 \cdot \left(\frac{a}{b}\right)^5 + 9.32 \cdot \left(\frac{a}{b}\right)^7 \right] \cdot \sqrt{\pi \cdot a}$$ $$K_I = \frac{6 \cdot M}{t \cdot b^2} \cdot \left[\frac{8}{3 \cdot \sqrt{6}} \cdot \frac{t \cdot a}{b^2} \cdot \sqrt{1 - \mu^2} \right] \cdot \sqrt{\pi \cdot a}$$ |

Sin embargo, no tocos los casos de configuraciones geométricas y condiciones de carga aparecen explícitamente en los manuales y mucho menos en la selección presentada en este libro. No obstante, hay que aclarar que en general los casos más complejos desde el punto de vista de la geometría y de las condiciones de carga, se hace necesario obtener el factor de intensidad de tensiones aplicando el principio de la superposición y el método de composición.

Así por ejemplo el factor de intensidad de tensiones para el caso solicitación combinada dentro del mismo modo de carga, digamos tracción con flexión puede ser obtenido por superposición de los dos casos hallados por separado:

$$K_{I_{total}} = K_{I_{tracción}} + K_{I_{flexión}} \qquad (30)$$

El efecto combinado de determinadas condiciones de contorno puede ser obtenido mediante el método de composición. Por ejemplo, la influencia de un agujero circular en la placa sometida a tracción de dimensiones finitas puede ser objetivo componiendo los casos de agujero circular en una placa infinita traccionada (influencia del agujero) con el de una placa a tracción de dimensiones finitas (influencia de las dimensiones). O sea:

$$K_I = \beta_{agujero} \cdot \beta_{dimensiones} \cdot \sigma \cdot \sqrt{\pi \cdot a} \qquad (31)$$

En ocasiones el efecto de una tensión compleja puede ser descompuesto en cargas más simples para su análisis y el factor de intensidad de tensiones se halla entonces por superposición. Así por ejemplo si se tiene una distribución de tensiones no uniformemente distribuida en una placa (Fig. 15), la misma puede ser descompuesta en una combinación de tensiones de flexión más tensiones de tracción y el factor de intensidad de tensiones será:

$$K_{I_{total}} = \left(\beta_{trac} \cdot \sigma_{trac} + \beta_{flex} \cdot \sigma_{flex} \right) \cdot \sqrt{\pi \cdot a} \qquad (32)$$

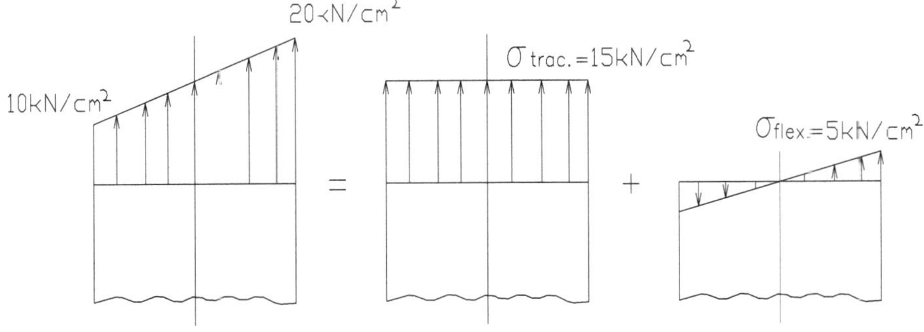

Fig. 15 Descomposición de un caso compuesto de tensión en sus componentes simples.

La superposición inversa puede, en determinadas ocasiones, aplicarse para obtener el factor de intensidad de tensiones.

Así por ejemplo el caso de carga de una placa traccionada con un orificio para pasador, remache, tornillo, etc. que se muestra en la Fig. 16 a) puede ser compuesto por superposición en los casos b, c y d. La superposición de los factores de intensidad de tensiones será:

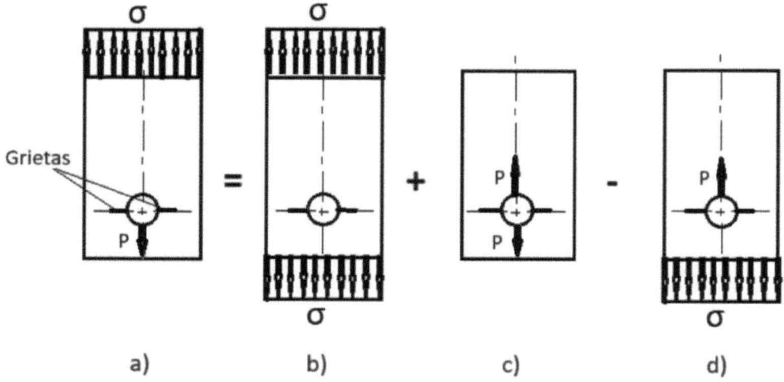

Fig. 16 Ejemplo de superposición inversa.

$$K_{I_a} = K_{I_b} + K_{I_c} - K_{I_d}$$

Pero el caso a) es idéntico al caso d), o sea, $K_{I_a} = K_{I_d}$, de donde:

$$2 \cdot K_{I_a} = K_{I_b} + K_{I_c}$$

Y se tiene entonces que:

$$K_{I_a} = \frac{K_{I_b} + K_{I_c}}{2} \tag{33}$$

Los casos b) y c) aparecen resueltos en los manuales.

En el caso del modo mixto de carga el Factor de intensidad de Tensiones Equivalente se haya por la siguiente expresión:

$$K_{eq} = \sqrt{(K_I)^2 + (K_{II})^2 + \frac{(K_{III})^2}{1-\mu}} = K_{Ic} \tag{34}$$

2.2 Medición de la tenacidad a la fractura en el caso de la deformación plana.

La Sociedad Americana para Ensayos de Materiales (ASTM) establece un número de probetas para su uso en los ensayos de tenacidad a la fractura (especificaciones ASTM-399) y en general en las normas internacionales de estas probetas son similares.

De todos los tipos de probetas la que es más popular y es usada extensivamente para ensayos de fractura y también para ensayos de crecimiento de la grieta por fatiga y bajo tensión corrosión es la probeta conocida como CTS (Compact Tension Specimen). Con el propósito de garantizar un razonable frente de grieta recta, a las probetas se le practica una entalla tipo chevrón. La grieta se inicia en la punta de la ranura tipo chevrón y gradualmente se extiende a través del espesor. La grieta en la probeta se genera por fatiga para un número de ciclos de carga no menor que $5 \cdot 10^4$ para excluir la deformación plástica. Todas estas probetas han sido diseñadas para el caso de deformación plana y no son adecuadas para la tensión plana.

Como se explicó anteriormente para obtener similitud en el caso de la deformación plana debe cumplirse que el espesor de la probeta sea:

$$t > 2.5 \cdot \left(\frac{K_{Ic}}{\sigma_f} \right)^2$$

Si la contracción es insuficiente para dar lugar a la deformación plana se requiere que K sea igual, B/r_p sea igual y que r_p sea igual. Esto significa que los espesores de la probeta y el elemento donde se pretenden utilizar los resultados de los ensayos deben ser iguales. En estas condiciones el factor crítico de intensidad de tensiones, o tenacidad a la fractura K_{Ic} puede ser medido, pero este valor es válido solo para ese espesor específico y solo podrá ser utilizado para análisis de fractura en placas de ese espesor.

El siguiente ejemplo, considera un acero de σ_f = 300 MPa, si la probeta tiene 5 cm = 0.05 m de espesor, la tenacidad a la fractura tiene que ser

$$K_{Ic} < \sigma_f \cdot \sqrt{\frac{t}{2.5}} = 300 \cdot \sqrt{\frac{0.05}{2.5}} = 42.43 \text{ MPa} \sqrt{m}$$

En caso contrario no puede ser medido con una probeta de 5 cm de espesor. Si la tenacidad fuera de K_{Ic} = 60 MPa $\sqrt{m}$ entonces se necesita un espesor:

$$t \geq 2.5 \cdot \left(\frac{K_{Ic}}{\sigma_f} \right)^2 \geq 2.5 \cdot \left(\frac{60}{300} \right)^2 = 0.1 \text{ m} = 10 \text{ cm}$$

Para obtener deformación plana.

2.3 Ensayo de tenacidad a la fractura en la deformación plana.

El ensayo de tenacidad a la fractura se realiza en una máquina de ensayo a tracción que posea una elevada rigidez para que la relación de energía elástica de deformación máquina-probeta sea mínima. Durante el ensayo se construye el gráfico carga-abertura de la grieta (COD crack opening displacement). Para medir la abertura de la grieta se utiliza lo que se conoce como galga de pinzas como lo que se esquematiza en la Fig. 17.

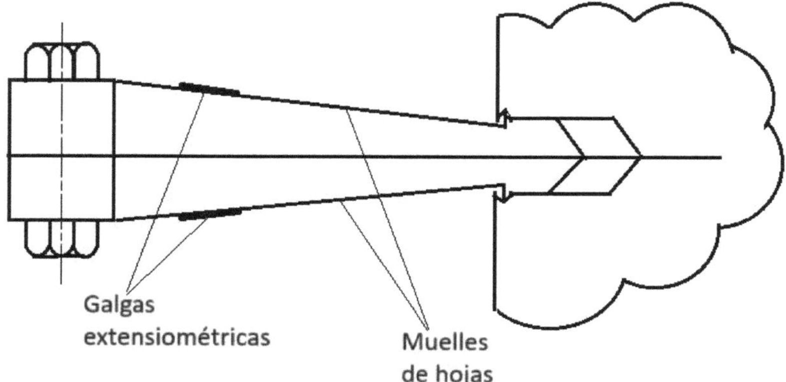

Fig. 17

Montaje de la galga de pinzas.

La galga de pinzas consiste en dos láminas de acero elásticas (muelles de hojas) las cuales son insertadas en la entalla existente en la probeta en unos receptáculos practicados en la misma. Las láminas poseen en sus puntas unas cuchillas que permiten fijar la posición de la galga a la probeta. Sobre cada lámina esta pegada galga extensométrica de resistencia eléctrica, la variación de la resistencia eléctrica de estas galgas es medida con un puente tensométrico, de manera que la lectura en el puente es una medida de la abertura de la grieta. La carga aplicada se puede medir también con galgas extensométricas y la dependencia gráfica: carga aplicada-abertura de la grieta, puede ser registrada en un graficador x-y. El registro idealmente es una línea recta que se interrumpe bruscamente para la carga de fractura P_Q tal como se muestra en la Fig. 18 a). La carga P_Q es usada entonces para determinar la tenacidad a la fractura.

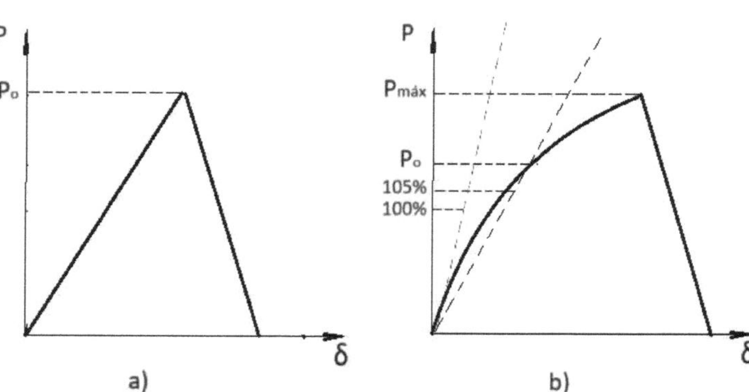

Fig.   18

Dependencias gráficas carga - abertura de la grieta.

Debido a que ocurre deformación plástica en la punta de la grieta el registro es usualmente una curva ligera y en la medida que la grieta se extienda de forma estable aparecerá una curvatura adicional (Fig. 18 b) Debido a que una extensión pequeña de la grieta no puede ser fácilmente detectada, en las normas se establece que el punto de la gráfica que se intercepta con una recta trazada desde el origen con una pendiente un 5 % mayor que la de la parte recta del diagrama puede entonces ser considerada como la carga P_Q, en el inicio del crecimiento de la grieta. Si la carga $P_{máx}$ (Fig. 18 b) alcanza un valor $P_{máx} > 1.1\ P_Q$ el resultado deberá ser rechazado. El valor de K_{Ic} obtenido para la carga P_Q se designa como K_Q y no puede ser tomado como K_{Ic} hasta que se comprueben las condiciones para la existencia de deformación plana. O sea:

$$t > 2.5 \cdot \left(\frac{K_Q}{\sigma_f}\right)^2 \qquad y \qquad a > 2.5 \cdot \left(\frac{K_Q}{\sigma_f}\right)^2 \tag{35}$$

en caso contrario el resultado del ensayo tiene que ser rechazado.

Estas son las características fundamentales del ensayo de tenacidad a la fractura en el caso de la deformación plana. En la realidad existe un mayor número de restricciones para que un ensayo pueda ser considerado válido, de aquí la necesidad de consultar las normas antes de llevar a cabo un ensayo de este tipo.

2.4 Estimación de la Tenacidad a la fractura de los aceros mediante la correlación de Rolfe – Barsón.

La Tenacidad a la Fractura de los aceros se puede estimar a través de la correlación clásica de Rolfe – Barsón entre K_{Ic} y la energía CVN del ensayo de impacto Charpy con probeta entallada en V, dada en [13]:

$$K_{Ic} = \sigma_f \sqrt{0{,}6478 \left(\frac{CVN}{\sigma_f} - 0{,}0093\right)} \qquad MPa \cdot \sqrt{m} \tag{36}$$

Donde:

CVN = $a_k \cdot 9{,}81 \cdot 0{,}8$ Joules

a_k Resiliencia del acero en $kgf - m/cm^2$.

σ_f Tensión de fluencia para el acero en MPa.

Capítulo 3. Determinación de la tensión de fractura o resistencia residual y del tamaño critico de la grieta.

El conocimiento de la tenacidad a la fractura K_{Ic} de un material dado permite realizar una serie de cálculos para un elemento de máquina o de una estructura, hecho de ese material, si se conoce la expresión para el cálculo del factor de intensidad de tensiones de acuerdo con la forma y dimensiones del elemento y las condiciones específicas de carga y el tamaño de la grieta presente.

Si el factor de intensidad de tensiones para el elemento considerado $K_I = \beta \cdot \sigma \cdot \sqrt{\pi \cdot a}$ se puede calcular la tensión para la cual se produce la fractura, partiendo de que esta ocurre cuando $K_I = K_{Ic}$. De donde:

$$K_{Ic} = \beta \cdot \sigma \cdot \sqrt{\pi \cdot a}$$

Despejando σ:

$$\sigma_c = \frac{K_{Ic}}{\beta \cdot \sqrt{\pi \cdot a}} \tag{37}$$

La tensión de fractura σ_c también se conoce como tensión crítica o resistencia residual.

De la misma forma se puede calcular el tamaño crítico de la grieta o tamaño para la cual ocurrirá la fractura si se conoce la tensión para la cual trabaja el elemento.

Despejando de la condición (37), se tiene que:

$$a_c = \frac{1}{\pi} \cdot \left(\frac{K_{Ic}}{\beta \cdot \sigma} \right)^2 \tag{38}$$

Esta ecuación no puede ser directamente resuelta ya que β es una función del tamaño de la grieta, por lo que generalmente se requieren cálculos iterativos.

En el siguiente ejemplo se verá como se realiza este proceso.

Ejemplo 1.

Para un material que posee $K_{Ic} = 30$ MPa$\sqrt{m}$ y $\sigma_f = 300$ MPa.

a) ¿Cuál es la tensión de fractura para el caso de una placa de ancho B = 2b = 20 cm con una grieta central de dimensión 2a = 20 mm ?

b) ¿Que espesor debe tener la placa para que sean aplicables las consideraciones de deformación plana ?

c) ¿Cuál es el tamaño crítico de la grieta si la tensión de trabajo es σ = 90 MPa ?

Solución:

a) De acuerdo con el caso de las tablas del anexo A-1, el factor de intensidad de tensiones puede ser calculado como: $K_I = \sigma \cdot \sqrt{\pi \cdot a} \cdot \sqrt{\sec \dfrac{\pi \cdot a}{8}}$

De la condición de fractura $K_I = K_{Ic}$ se tiene que:

$$\sigma_c = \frac{K_{Ic}}{\sqrt{\pi \cdot a} \cdot \sqrt{\sec\dfrac{\pi \cdot a}{B}}} = \frac{30}{\sqrt{\pi \cdot 0.020} \cdot \sqrt{\sec\dfrac{\pi \cdot 0.020}{0.2}}}$$

La tensión de fractura es:

σ_c = 117 MPa

b) La placa debe tener un espesor de:

$$t > 2.5 \cdot \left(\frac{K_{Ic}}{\sigma_f}\right)^2 = 2.5 \cdot \left(\frac{30}{300}\right)^2$$

t > 0.025 m = 25 mm

c) De la condición de fractura para una tensión dada σ, se tiene que:

$$K_I = \sigma \cdot \sqrt{\pi \cdot a_c} \cdot \sqrt{\sec\frac{\pi \cdot a_c}{B}} = K_{Ic}$$

Se necesita conocer el valor de a_c para las condiciones dadas, o sea:

$$60 \cdot \sqrt{\pi \cdot a_c} \cdot \sqrt{\sec\frac{\pi \cdot a_c}{0.2}} = 30$$

El valor de a_c se puede despejar de la ecuación anterior. En este caso se despejó mediante el programa DERIVE, obteniéndose el resultado siguiente:

a_c = 0.0312 m = 31.2 mm

La solución puede ser también obtenida por iteraciones sucesivas asumiendo inicialmente:

$$\beta_1 = \sqrt{\sec\frac{\pi \cdot a_c}{0.2}} = 1 \quad \text{y como} \quad a_c = \frac{1}{\pi} \cdot \left(\frac{K_{Ic}}{\sigma \cdot \sqrt{\sec\dfrac{\pi \cdot a_c}{B}}}\right)^2$$

Se tiene que:

$$a_c = \frac{1}{\pi} \cdot \left(\frac{30}{90}\right)^2 \cong 0.036 \text{ m}$$

Para este valor de a_c se tiene que:

$$\beta_1 = \sqrt{\sec\frac{\pi \cdot 0.036}{0.2}} = 1.088$$

Asumiendo ahora:

$$\beta_3 = \frac{\beta_1 + \beta_2}{2} = \frac{1 + 1.088}{2} = 1.044$$

$$a_c = \frac{1}{\pi} \cdot \left(\frac{30}{90 \cdot 1.044} \right)^2 \cong 0.032 \text{ m}$$

Y para este valor de a_c:

$$\beta_4 = \sqrt{\sec \frac{\pi \cdot 0.032}{0.2}} = 1.068$$

Todavía el % de diferencia entre β_3 y β_4 es grande. Se asume entonces:

$$\beta_5 = \frac{\beta_3 + \beta_4}{2} = \frac{1.044 + 1.068}{2} = 1.056$$

Para el cual:

$$a_c = \frac{1}{\pi} \cdot \left(\frac{30}{90 \cdot 1.056} \right)^2 \cong 0.0317$$

Para el cual:

$$\beta_6 = \sqrt{\sec \frac{\pi \cdot 0.0317}{0.2}} = 1.067$$

La diferencia entre β_5 y β_6 es del orden del 1 %, pero se puede precisar aun más el resultado. Asumiendo:

$$\beta_7 = \frac{\beta_5 + \beta_6}{2} = \frac{1.056 + 1.067}{2} = 1.062$$

Obteniendo que:

$$a_c = \frac{1}{\pi} \cdot \left(\frac{30}{90 \cdot 1.062} \right)^2 \cong 0.0314 \text{ m}$$

Para el cual:

$$\beta_8 = \sqrt{\sec \frac{\pi \cdot 0.0314}{0.2}} = 1.066$$

El % de diferencia entre β_7 y β_8 es ahora:

$$\% \text{ de dif.} = \frac{\beta_8 - \beta_7}{\beta_7} \cdot 100 = \frac{1.066 - 1.062}{1.062} \cdot 100 = 0.33\%$$

El cual es aceptable, pudiendo tomarse a_c = 31.4 mm. Como se puede apreciar no se cometen grandes errores al realizar el cálculo por uno u otro método.

3.1 Construcción de la curva de resistencia residual.

La exactitud en la medición del tamaño de la grieta puede introducir un error apreciable en la determinación de la tensión crítica o tensión de rotura, o si no se puede precisar la tensión de operación con una exactitud d gamos del 10 % se puede obtener un error del orden del 20 % en la determinación del tamaño crítico de la grieta. Esto determina que el cáculo de la resistencia residual o del tamaño crítico de la grieta debe ser realizado cor la mayor precisión posible. Para facilitar esta tarea es aconsejable construir lo que se conoce como diagrama de resistencia residual. El diagrama se construye ploteando er el eje de las ordenadas los valores de la tensión de fractura o resistencia residual y en el eje de las abscisas el tamaño crítico de la grieta. Partiendo de la fórmula:

$$\sigma_c = \frac{K_{Ic}}{\beta \cdot \sqrt{\pi \cdot a}} \qquad (39)$$

Y evaluando para 8 o 10 tamaños de grietas diferentes permite plotear σ_c v.s 2a. Teniendo la curva se puede obtener directamente para una tensión dada el tamaño críticc de la grieta sin necesidad de la iteración.

El diagrama de resistencia res dual tiene en general la forma mostrada en la Fig. 19.

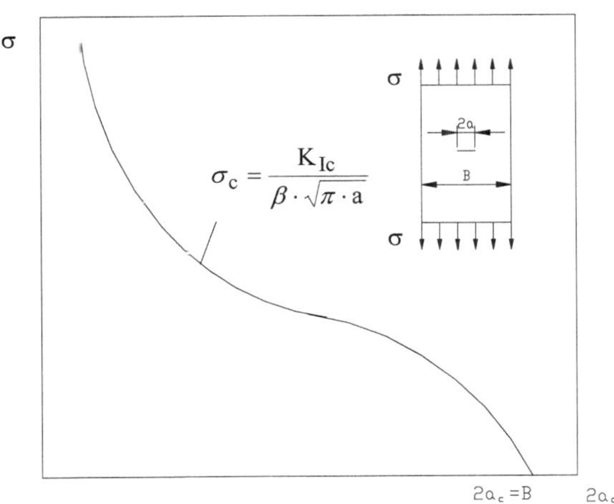

Fig. 19 Diagrama de resistencia residual

Como se puede apreciar que para grietas relativamente pequeñas un pequeño error en la apreciación del tamaño crítico de la grieta tiene un gran efecto en la evaluación de la resistencia residual y para grietas relativamente grandes una pequeña variacion de la tensión tiene un gran efecto en el tamaño crítico de la grieta.

En la construcción el diagrama de resistencia residual hay que tener en cuanta la dispersión que naturalmente puede existir en la determinación experimental de K_{Ic}. La tenacidad a la fractura de cualquier material depende de una serie de factores como son: temperatura, tratamiento térmico, etc. La dispersión en cualquier propiedad mecánica es un hecho común, existe dispersión en los valores del límite de fluencia, la resistencia máxima, el límite de fatiga, etc. Sin embargo, todas estas propiedades son esencialmente propiedades volumétricas ya que reflejan el comportamiento de todo el volumen del material, sin embargo, la tenacidad a la fractura refleja el comportamiento de un pequeño volumen de material en la zona del frente de la grieta por lo que es mucho más probable que las propias pequeñas heterogeneidades del material provoquen una gran dispersión en los valores de K_{Ic}, y por lo tanto en σ_c. Una dispersión en los valores de K_{Ic} del orden del 20 % es común.

En la Fig. 20 se muestra el efecto de la dispersión en el diagrama de resistencia residual. Como se puede apreciar en determinadas zonas del diagrama una dispersión del 20 % en σ_c puede llegar a representar una dispersión de hasta el 40 % en la variación del tamaño crítico de la grieta. Esta condición confirma la necesidad de construir el diagrama de resistencia residual, incluyendo la posible dispersión en los valores de K_{Ic}.

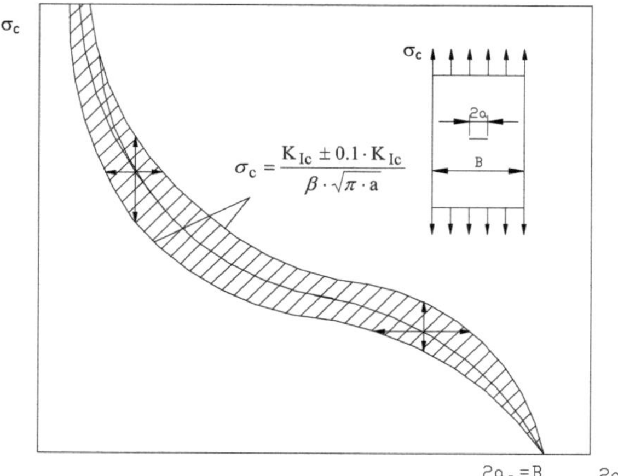

$$\sigma_c = \frac{K_{Ic} \pm 0.1 \cdot K_{Ic}}{\beta \cdot \sqrt{\pi \cdot a}}$$

Fig. 20 Efecto de la dispersión en K_{Ic} en el diagrama de resistencia residual.

En la construcción del diagrama de resistencia residual se debe tener en cuenta la inexactitud que se introduce en el cálculo de K_{Ic} en el caso de pequeñas grietas a causa de la determinación de K_I sobre la base de las consideraciones elásticas que se explicaron en el capítulo anterior. Así teóricamente si a = 0 la resistencia residual es infinita. Esta conclusión es errónea a causa de la presencia de la plasticidad.

Se comparan a continuación el diagrama de resistencia residual con la condición de fluencia o aparición de deformaciones plásticas en todo el volumen de la pieza.

Debido a que σ_c es la tensión remota, el elemento en su conjunto alcanzará la fluencia si $\sigma_c \geq \sigma_f$, de manera que la zona plástica será tan grande que abarca todo el elemento y por lo tanto no se cumplirá la condición para que K sea aplicable en lo relativo a la relación entre la zona de dominio de K_I y el tamaño de la zona plástica. En la sección de la grieta la tensión es mayor a causa de la presencia de la grieta. La condición de fluencia en esa sección será:

$$\sigma_{neta} = \frac{P}{t \cdot (B - 2 \cdot a)} = \sigma_f \qquad (40)$$

La tensión remota es:

$$\sigma = \frac{P}{t \cdot B} \qquad (41)$$

Dividiendo (41) entre (40) y despejando σ se tiene que:

$$\sigma = \sigma_f \cdot \frac{B - 2 \cdot a}{B} \qquad (42)$$

Esta ecuación representa una recta en el diagrama de resistencia residual entre los puntos

($\sigma = \sigma_f$, 2a = 0) y ($\sigma = 0$, 2a = B) que se muestra superpuesta al diagrama típico de resistencia residual en la Fig. (21).

En la Fig. 21 se puede apreciar que existen dos zonas donde la resistencia residual es mayor que la tensión en la sección neta de fluencia: la región de grandes grietas y la de pequeñas grietas.

La región de grandes grietas no es tan importante desde el punto de vista práctico, sin embargo, no es así en el caso de las pequeñas grietas.

En la literatura consultada [11] se recomienda un procedimiento donde la región de pequeñas grietas es analizada trazando una línea recta tangente a la curva de resistencia residual desde el punto ($\sigma = \sigma_f$, 2a = 0) (Fig. 21).

Para el caso donde β = 1, el punto de tangencia es siempre $\sigma_c = \frac{2}{3} \cdot \sigma_f$, de modo que la tangente pude ser fácilmente trazada mediante la búsqueda de este punto en la curva.

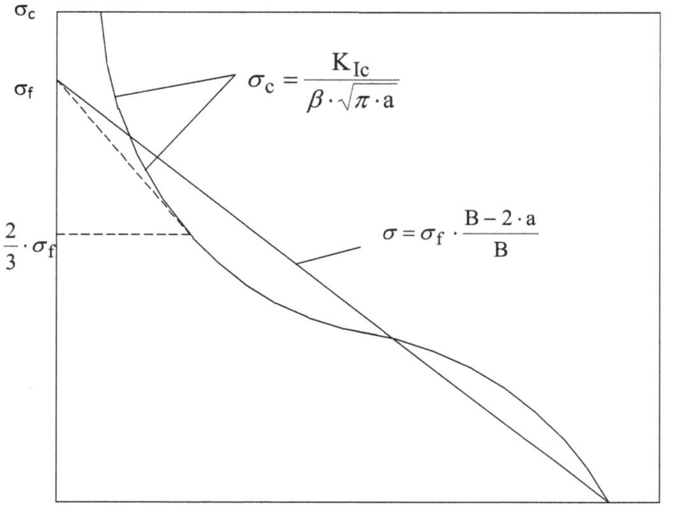

Fig. 21 Aproximación de la tangente para el caso de pequeñas grietas.

3.2 Crecimiento subcrítico de la grieta

Anteriormente se estableció el concepto de tamaño crítico de la grieta como el tamaño de esta que origina la fractura. Para que una grieta alcance su tamaño crítico debe crecer a partir de una microgrieta o un pequeño defecto. El crecimiento de una microgrieta o un defecto muy pequeño hasta que este alcance su tamaño crítico es lo que se conoce como crecimiento subcrítico de la grieta.

A partir del diagrama de resistencia residual se puede determinar para una tensión dada el tamaño crítico de la grieta a_c. Este tamaño de grieta es el mayor que pude ser tolerado en el elemento en, cuestión. Si la grieta existente es menor que el tamaño crítico de la grieta, la tensión de operación no provocará la fractura, sin embargo, podrá ocurrir el crecimiento subcrítico de la grieta. La grieta tiene interés práctico a partir de un determinado tamaño a partir del cual ésta es detectable por los métodos de control. Este tamaño mínimo detectable se designará por a_d. Para que la grieta crezca desde a_c hasta a_d se requerirá un determinado tiempo t_1. El cálculo de t_1 tiene un gran interés pues este es el tiempo disponible antes de la fractura para la toma de decisiones. Conocido el tiempo t_1 se puede decidir si se aplica alguna acción correctiva sobre la grieta (recuperación por soldadura), o se continúa la operación en dichas condiciones para aplicar posteriormente la acción correctiva.

En todos estos procesos se requiere la aplicación de algún método de control de crecimiento de la grieta: ultrasonido, rayos x, etc.

El cálculo de t_1 implica la construcción de la curva de crecimiento de la grieta, la cual tiene la configuración general mostrada en la Fig. 22.

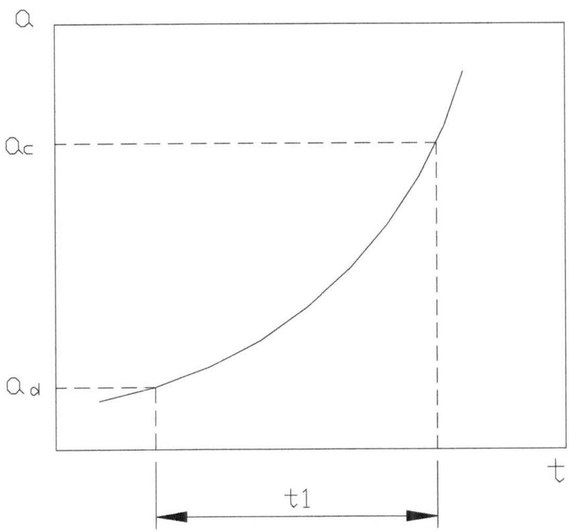

Fig. 22 Curva de crecimiento subcrítico de la grieta.

La Mecánica de la Fractura Subcrítica aporta las herramientas para el cálculo de la curva de crecimiento.

Durante la mayor parte del crecimiento subcrítico la grieta es sustancialmente menor que la grieta crítica. Esto implica que el factor de intensidad de tensiones K_I es bajo y que la zona plástica es pequeña de modo que el problema puede ser abordado sobre la base del parámetro lineal elástico K.

Esto es cierto para todos los materiales, incluso si la fractura sigue las reglas de la Mecánica de la Fractura Elasto Plástica (MFEP) o de la Mecánica de la Fractura Plástica (MFP), cuando la grieta es pequeña en comparación con el tamaño crítico. Cuando la grieta se aproxima al tamaño crítico el parámetro lineal elástico K deja de ser adecuado. Sin embargo, si observamos la forma de la curva de crecimiento se puede apreciar que el período de tiempo en que esto ocurre es muy pequeño con relación al tiempo total t_1 (Fig. 22). Se puede considera por lo tanto que existe similitud desde el punto de vista del crecimiento subcrítico si las grietas poseen el mismo K. Una grieta en un elemento crece de la misma forma que una grieta en una probeta de laboratorio cuando K para el elemento es igual a K para la probeta, por supuesto se vio también anteriormente que para que exista similitud total debe existir igual contracción. Si el frente de la grieta es bastante grande (gran espesor) existirá deformación plana. En otras condiciones la restricción a la contracción solo se garantiza cuando el elemento y la probeta poseen igual espesor.

3.3 El factor de intensidad de tensiones y razón de crecimiento de la grieta.

La propagación de una grieta por fatiga mecánica pura es en gran medida una consecuencia del embotamiento cíclico y reaguzamiento de la punta de la grieta como se muestra en la

Fig. 23 a) Si este proceso ocurre de una forma regular y de una forma similar sobre una distancia cercana al frente de grieta, esto da lugar a líneas de estratificación [11]. Las líneas de estratificación están ausentes cuando el proceso es irregular.

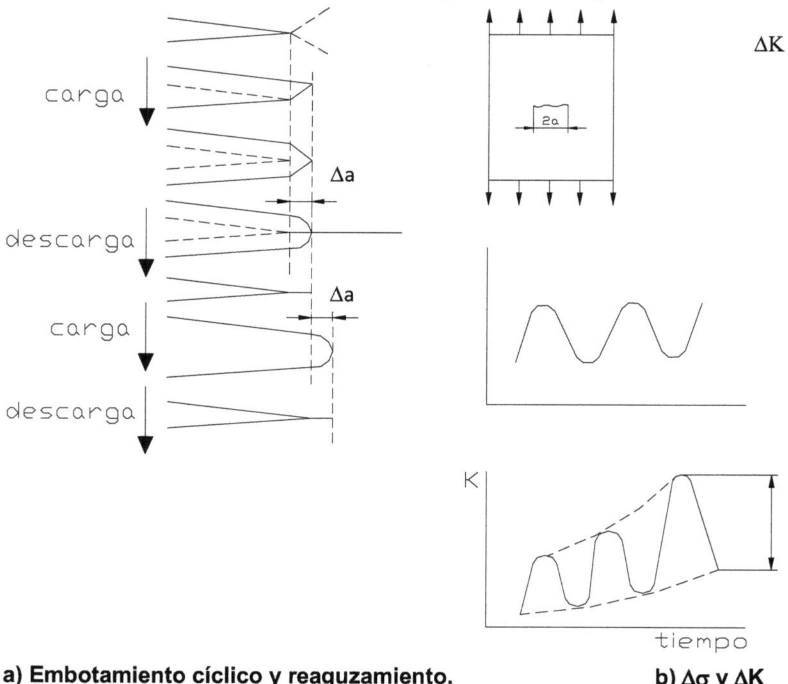

a) Embotamiento cíclico y reaguzamiento.   **b) Δσ y ΔK**

Fig. 23 Embotamiento cíclico y reaguzamiento de la grieta

El embotamiento de la grieta se debe a los deslizamientos (deformación plástica) y no involucra agrietamiento en un sentido real. No obstante, el embotamiento representa una extensión de la grieta en una cantidad Δa. Por lo tanto la cantidad de crecimiento de la grieta depende de la máxima abertura de la punta de la grieta y de la eficiencia del reaguzamiento, lo que está determinado por la máxima y mínima tensión del ciclo o mas bien el rango de tensión.

Las tensiones en la punta de la grieta están determinadas por el factor de intensidad de tensiones, así si el crecimiento de la grieta está determinado por el rango de tensión y la tensión máxima en la punta de la grieta también estará determinado por el rango del factor de intensidad de tensiones y el máximo factor de intensidad de tensiones.

La Fig. 23 b) muestra un posible ciclo de variación de la tensión remota. Cuando esta alcanza su valor máximo σ_{max}, el factor de intensidad de tensiones tendrá su valor máximo, K_{max}. Cuando la tensión cíclica alcanza su valor mínimo σ_{min}, el factor de intensidad de tensiones tendrá su valor mínimo $K = \beta \cdot \sigma_{min} \cdot \sqrt{\pi \cdot a}$. El rango de variación del factor de intensidad de tensiones es $\Delta K = K_{max} - K_{min}$, lo cual es igual a $\Delta K = \beta \cdot \Delta\sigma \cdot \sqrt{\pi \cdot a}$

La condición de similitud entonces nos dice que dos grietas tendrán la misma cantidad de crecimiento cuando están sometidas al mismo ΔK y el mismo K_{max}. Si la razón de crecimiento se denota como $\Delta a/\Delta N$, donde Δa es la cantidad de crecimiento durante ΔN ciclos de carga, la condición anterior puede ser escrita como:

$$\frac{da}{dN} = \frac{a}{N} = f\left(\Delta K, K_{max}\right) \tag{43}$$

La ecuación (43) simplemente establece que la razón varía como una función de ΔK y K_{max} y que la razón es siempre la misma para la misma combinación de ΔK y K_{max}.

Si la razón de asimetría del ciclo de tensiones es $r = \dfrac{\sigma_{min}}{\sigma_{max}}$, también podemos decir $r = \dfrac{K_{min}}{K_{max}}$. Como $K_{min} = K_{max} - \Delta K$, se desprende que: $K_{max} = \dfrac{\Delta K}{(1-r)}$. Entonces la ecuación (43) puede escribirse como:

$$\frac{da}{dN} = f\left(\Delta K, r\right) \tag{44}$$

Esta ecuación establece que la razón de crecimiento será siempre la misma para una combinación dada de ΔK y r.

3.4 Construcción de la curva de razón de crecimiento de la grieta.

La razón de crecimiento de un material dado debe ser determinada en un ensayo del material, ya que esta depende de la respuesta del material para una combinación dada de ΔK y r.

La forma más simple de ilustrar el procedimiento es a través del ejemplo de un panel muy ancho agrietado en el centro, de modo que $\beta \cong 1$ y $\Delta K = \beta \cdot \Delta\sigma \cdot \sqrt{\pi \cdot a}$. Primero consideraremos el caso en que $r = 0$, lo que implica que $da/dN = f\,(\Delta K)$. La probeta, (Fig. 24 a) está sometida a una amplitud de ciclo constante $\Delta\sigma$ y el crecimiento de la grieta se registra como una función del número de ciclos, lo cual nos suministra la curva de propagación de la grieta que se muestra en la Fig. 24 b).

Podemos determinar como el material responde a un ΔK dado. Se puede notar que ΔK se incrementa durante el ensayo a medida que aumenta el tamaño de la grieta para $\Delta\sigma$ constante. Para dos tamaños de grieta a_1 y a_2, la curva de la Fig. 24 b) muestra números de ciclos N_1 y N_2. La razón de crecimiento de la grieta es entonces $\dfrac{\Delta a}{\Delta N} = \dfrac{(a_2 - a_1)}{(N_2 - N_1)}$. El rango del factor de intensidad de tensiones que produce este crecimiento es:

$$\Delta K = \Delta\sigma \cdot \sqrt{\pi \cdot a_3}$$

Donde $a_3 = \dfrac{(a_1 + a_2)}{2}$, el tamaño de grieta promedio sobre el intervalo.

Determinando la razón de crecimiento de la grieta y ΔK para una serie de puntos de la curva de crecimiento de la grieta (Fig. 24 b) y ploteando esta en función de ΔK se obtiene la curva de razón completa que se muestra en la Fig. 24 c).

Esta curva es la respuesta del material a una carga cíclica para cualquier ΔK. El criterio de similitud plantea que la respuesta de un material a un ΔK dado será siempre la misma. Por lo tanto, la curva de razón completa nos da toda la información necesaria para analizar el comportamiento de grietas en estructuras.

Por ejemplo se puede determinar la razón de crecimiento de 2.54 cm de grieta ($\beta \cong 1.12$) en una placa sometida a un rango de tensión $\Delta\sigma$ = 14.3 kN/cm^2. El factor de intensidad de tensiones es $\Delta K = 1.12 \cdot 14.3 \cdot \sqrt{\pi \cdot 2.54}$ = 45.2 kN/cm$^2 \sqrt{cm}$. De acuerdo con la Fig. 24 c) esta grieta en este material particular crecerá a una razón da/dN = 2,54 10^{-5} cm/ciclo.

La razón de crecimiento se incrementa en varios ordenes de magnitud si ΔK se incrementa en pequeñas cantidades. Por lo tanto, la curva de razón usualmente se presenta como una doble logarítmica (por ejemplo log da/dN como una función de log ΔK). Es importante destacar que la curva de la Fig. 3.5.2 c) representa la función f (ΔK) en la ecuación

da/dN = f (ΔK), o sea, para r = 0.

En principio los datos de razón de la grieta pueden ser obtenidos de una probeta para la cual el factor de intensidad de tensiones sea conocido. Sin embargo, la estandarización del procedimiento del ensayo es aconsejable. La Norma (ASTM estándar E 647-78T) nos da un método tentativo para ensayo de crecimiento de la grieta. Las normas recomiendan el uso de la probeta de tensión compacta o una probeta agrietada centralmente. El crecimiento de la grieta se mide visualmente (generalmente mediante el uso de un microscopio de 30 a 50 X) o por una o varias técnicas que permitan la automatización del ensayo. En las modernas máquinas de fatiga controladas por computadora la información del crecimiento de la grieta puede ser introducida en la computadora la cual controla automáticamente el ensayo.

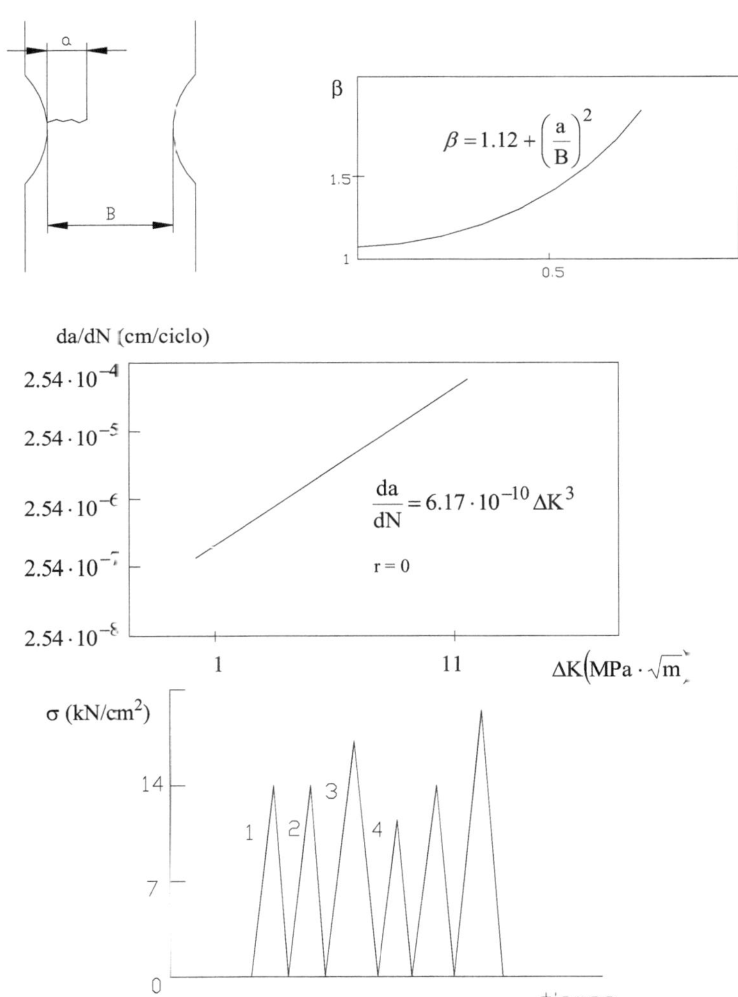

Fig. 24 Análisis de crecimiento de la grieta

3.5 La ecuación de razón de Paris.

En el epígrafe anterior se discutió el procedimiento de construcción de la curva de razón para un r fijo, r = 0. Debido a que la razón de crecimiento de la grieta depende de r y ΔK, las propiedades de razón de crecimiento del material tienen que ser determinadas para varios valores de r. Las curvas de razón para diferentes valores de r son mas o menos paralelas y representan el cuadro completo de los datos de crecimiento de grietas en el material en términos de:

$$\frac{da}{dN} = f(\Delta K, r) \tag{45}$$

Claramente, f (ΔK, r) es una propiedad del material y es diferente para diferentes materiales, aunque las curvas de razón para muchos materiales tienen la misma forma.

De hecho la curva de razón para un r fijo puede ser aproximada a veces por una línea recta en un trazado doble logarítmico. En este caso, la función de razón puede ser representada por una simple ecuación matemática:

$$\frac{da}{dN} = C \cdot \Delta K^n \ , \ r = cte. \tag{46}$$

Esta ecuación en la cual n es la pendiente de la línea recta es conocida como la ecuación de Paris [12,96]. Como C y n caracterizan la línea recta, las propiedades de crecimiento de la grieta para un material pueden ser completamente descritas por los valores dados de C y n.

La ecuación (46) no tiene base teóricas. Esta es una fórmula empírica que cubre los datos razonablemente bien. El valor del exponente n usualmente toma valores entre 2 y 5. Cuando n varía entre 2 y 3 la razón de creciciento depende poco de r [3].

En el libro de Shigley – Mischke de Elementos de Máquinas aparecen los valores de C y n para los diferentes tipos de aceros.

Ejemplo 2:

Una grieta central de tamaño 2a = 0.254 cm esta sometida a Δσ = 11.4 kN/cm². Después de 30 000 ciclos el tamaño de la grieta es 2a = 0.3 cm. Datos que se tienen muestran que el crecimiento de la grieta de 2a = 10.2 cm a 2a = 10.4 cm toma 1 200 ciclos. Asumir que la curva de razón es recta y determinar C y n en la ecuación de Paris.

Solución:

Punto A:

$$\frac{da}{dN} = \frac{a_2 - a_1}{N_2 - N_1} = \frac{0.15 - 0.127}{30000} = 7 \cdot 10^{-7} \, \text{cm/ciclo}$$

$$\Delta K = \Delta\sigma \cdot \sqrt{\pi \cdot \left(\frac{a_1 + a_2}{2}\right)} = 11.4 \cdot \sqrt{\pi \cdot 0.1385} = 7.52 \, \text{kN/cm}^2 \sqrt{\text{cm}} \ ; \ \beta = 1$$

Punto B:

$$\frac{da}{dN} = \frac{a_2 - a_1}{N_2 - N_1} = \frac{10.4 - 10.2}{1200} = 1.6 \cdot 10^{-4} \, \text{cm/ciclo}$$

$$\Delta K = 11.4 \cdot \sqrt{\pi \cdot 10.3} = 64.83 \, \text{kN/cm}^2 \sqrt{\text{cm}} \ ; \ \beta = 1$$

$$\frac{da}{dN} = C \cdot \Delta K^n \quad \text{ó} \quad \log da/dN = \log C + n \log \Delta K$$

Punto B: $\log 1.6\ 10^{-4} = \log C + n \log 64.83$

Punto A: $\log 7.67\ 10^{-7} = \log C + m \log 7.52$

Resolviendo logaritmos:

Punto B: $-3.78 = \log C + 1.812\ n$

-Punto A: $\underline{-6.116 = \log C + 0.876\ n}$

$$2.336 = 0.936\ n$$

$$n = 2.5$$

Sustituyendo m en el punto B se obtiene:

$\log C = -3.78 - (2.5\ 1.812)$

de donde:

$\log C = -8.31$

$C = 5\ 10^{-9}$

La ecuación de razón de crecimiento será:

$$\frac{da}{dN} = 5 \cdot 10^{-9} \cdot (\Delta K)^3$$

En la literatura técnica se dan las ecuaciones de correlación entre los parámetros empíricos C y n de la ecuación de Paris:

$$C = 1.32 \cdot 10^{-4} \cdot \frac{1}{895^n} \qquad 1.8 \le n \le 4 \quad [38] \qquad (47)$$

$$C = 2.72 \cdot 10^{-4} \cdot \frac{1}{1129^n} \qquad 3 \le n \le 6.5 \quad [59] \qquad (48)$$

$$C = 5.48 \cdot 10^{-5} \cdot \frac{1}{577.3^n} \qquad 2 \le n \le 5.5 \quad [52] \qquad (49)$$

$$C = 1.7 \cdot 10^{-4} \cdot \frac{1}{1015^n} \qquad 1.8 \le n \le 5.1 \quad [133] \qquad (50)$$

$$C = 1.7191 \cdot 10^{-4} \cdot \frac{1}{977^n} \qquad 1.5 \le n \le 11 \quad [114] \qquad (51)$$

3.6 Crecimiento de la grieta por fatiga en las construcciones mecánicas.

Si se conoce la velocidad (razón) de crecimiento de la grieta se puede calcular el número de ciclos para que alcance cierta distancia, o la distancia recorrida en un determinado número de ciclos. Si la velocidad de crecimiento (razón) es da/dN, la distancia Δa recorrida en ΔN

ciclos está dada como $\Delta a = \left(\dfrac{da}{dN}\right) \cdot \Delta N$, similarmente, el número de ciclos para recorre una distancia Δa es $\Delta N = \dfrac{\Delta a}{\left(da/dN\right)}$.

Cuando la razón de crecimiento de la grieta varía tenemos que llevar a cabo la integración del crecimiento de la grieta en pequeños pasos. La razón de la grieta siempre varía ya que esta se incrementa con el tamaño de la grieta. Cuando la carga es de amplitud variable, la razón también varía debido a la variación de $\Delta \sigma$. Como consecuencia, la integración tiene que ser llevada a cabo en pasos de 1 ciclo si la carga en todos los ciclos es diferente.

Debido a que el cálculo tiene que ser repetido muchas veces (tantas veces como ciclos existan), es necesario el uso de una computadora (integración numérica).

El procedimiento de la integración numérica se ilustra en el siguiente ejemplo numérico:

Ejemplo 3:

Consideremos una grieta estructural hipotética como se muestra en la Fig. 25 a). De un manual de factor de intensidad de tensiones podemos determinar β que puede estar dada como se muestra en la Fig. 25 b), la cual puede ser representada como $\beta = 1.12 + \left(a/B\right)^2$ (Recuerde que este es un ejemplo hipotético).

En la Fig. 25 c) se dan los datos de la razón de crecimiento para un material la cual para r = 0 puede ser representada como da/dN = 6.17 10⁻¹⁰ (ΔK)³. La carga es de amplitud variable con r = 0, como se muestra en la Fig. 25 d). El cálculo del crecimiento de la grieta se comienza para un tamaño de grieta de a = 1.9 cm.

El rango de tensión en los dos primeros ciclos es: $\Delta \sigma$ = 14.3 kN/cm². El rango del factor de intensidad de tensiones es:

$$\Delta K = \beta \cdot \Delta \sigma \cdot \sqrt{\pi \cdot a} = \left[1.12 + \left(1.9/10.2\right)^2\right] \cdot 14.3 \cdot \sqrt{1.9 \cdot \pi} = 40.34 \ \text{kN/cm}^2 \cdot \sqrt{\text{cm}}$$

La razón de crecimiento de la grieta es:

$$\frac{da}{dN} = C \cdot \Delta K^n = 6.17 \ 10^{-10} \ (\Delta K)^3 = 4.05 \ 10^{-5} \ \text{cm/ciclo}$$

la cantidad de crecimiento de la grieta en los dos primeros ciclos:

$$\Delta a = 2 \ da/dN = 2 \cdot 4.05 \cdot 10^{-5} = 0.000081 \ \text{cm}$$

El nuevo tamaño de grieta será:

$$a = a + \Delta a = 1.9 + 0.000081 = 1.900081 \ \text{cm}$$

La tensión en el tercer ciclo es $\Delta \sigma$ = 27.5 kN/cm²

$$\Delta K = \left[1.12 + \left(1.900081/10.2\right)^2\right] \cdot 27.5 \cdot \sqrt{1.900081 \cdot \pi} = 77.6 \ \text{kN/cm}^2 \cdot \sqrt{\text{cm}}$$

da/dN = 6.17 10⁻¹⁰ (77.6)³ = 2.883 10⁻⁴ cm/ciclo

$$\Delta a = 1 \cdot 2.883 \cdot 10^{-4} = 0.0002883 \text{ cm}$$

a = a + Δa = 1.900081 + 0.0002883 = 1.9003693 cm , etc.

Como se muestra en el ejemplo, se pueden tomar juntos ciclos sucesivos de igual rango, cuando son pocos. Si son muchos, deben ser integrados separadamente ya que el crecimiento de la grieta en todos los ciclos se incrementa y por lo tanto, ΔK y da/dN también.

Si los ciclos se toman juntos ca/dN no cambia y se introduce un error. Si se mezclan muchos ciclos el error se convierte en naceptable.

Si el crecimiento de la grieta es de amplitud constante, el procedimiento de integración puede simplificarse. Para amplitud de carga constante $\Delta\sigma$ = 14.3 kN/cm², la integración en el ejemplo anterior se debe llevar a cabo por pasos de, por ejemplo, 1 % del tamaño de la grieta.

Así por ejemplo:

Inicialmente, a = 1.9 cm, N = 0 ciclos

Δa = 0.01 1.9 = 0.019 (incrementado 1%)

$$\Delta K = \left[1.12 + \left(\frac{1.9}{10.2} \right)^2 \right] \cdot 14.3 \cdot \sqrt{1.9 \cdot \pi} = 40.34 \ \text{kN/cm}^2 \cdot \sqrt{\text{cm}}$$

da/dN = 6.17 10⁻¹⁰ (40.34)³ = 4.05 10⁻⁵ cm/ciclo

$$\Delta N = \frac{\Delta a}{\left(\frac{da}{dN} \right)} = \frac{0.019}{4.05 \cdot 10^{-5}} = 469 \ \text{ciclos}$$

a = a + Δa = 1.9 + 0.019 = 1.919 cm

Δa = 0.01 1.919 = 0.01919 (1%)

$$\Delta K = \left[1.12 + \left(\frac{1.919}{10.2} \right)^2 \right] \cdot 14.3 \cdot \sqrt{1.919 \cdot \pi} = 40.57 \ \text{kN/cm}^2 \cdot \sqrt{\text{cm}}$$

da/dN = 6.17 10⁻¹⁰ (40.57)³ = 4.12 10⁻⁵ cm/ciclo

$$\Delta N = \frac{\Delta a}{\left(\frac{da}{dN} \right)} = \frac{0.01919}{4.12 \cdot 10^{-5}} = 466 \ \text{ciclos}$$

a = a + Δa = 1.919 + 0.01919 = 1.93819 cm

Δa = 0.01 1.93819 = 0.0193819 , etc.

Ya que los pasos son del orden del 1% del tamaño de grieta, se puede obtener buena exactitud. Para aplicaciones generales, sin embargo, se requiere un procedimiento de integración más sofisticado.

Ejemplo 4 Ejemplo de Aplicación. Fractura Mecánica lineal Elástica.

Planteamiento del problema

Un tanque de almacenamiento de un producto químico tóxico pero no altamente inflamable sufrió una fractura completa de un cordón de soldadura (Fig. 25 a), derramando todo su contenido. Después de un detallado examen de la zona de la falla se concluyó que existía un defecto en el cordón de soldadura lo cual precipitó la fractura del mismo (Fig. 25 b).

La falla tuvo lugar en la región Noreste de Estados Unidos en una mañana de Enero cuando en una estación meteorológica cercana se registraba una temperatura de -20 °F (-28.9°C). La compañía tiene aproximadamente 100 tanques del mismo diseño en diferentes partes de los Estados Unidos.

El costo total del incidente, incluyendo los gastos de la reparación fue de 2 millones de USD.

1- ¿A que costo puede ser razonablemente prevenida la recurrencia del incidente?

2- ¿Qué plan de medidas debe implementarse para evitar la recurrencia del hecho?

Solución

a) **Investigación de las condiciones medioambientales, condiciones de carga y explotación y cálculo de las tensiones de trabajo de los cordones de soldadura.**

El producto químico almacenado es no corrosivo y no contiene cantidades medibles de impurezas tales como iones de Cl $^-$ o similares, por lo que la posibilidad de que la grieta fuera condicionada por un proceso de corrosión bajo tensión fue descartada.

La investigación de las condiciones climáticas de las regiones donde están instalados los tanques de la compañía arrojo que la temperatura más baja posible es de -45°F (-42,8°C) en las regiones del norte y la temperatura mas alta es de 150°F (65,6°C) en las áreas expuestas al sol en las regiones del sur. El tanque se carga una vez por mes, o sea, 12 veces por año y se espera una vida útil de 50 años.

La investigación de las posibles cargas sobre las paredes del tanque arrojó los siguientes aspectos:

El producto químico almacenado puede expandirse libremente térmicamente en la parte superior del tanque, por lo que, la posible presurización debido a la expansión térmica se descartó. Por lo tanto, se consideró solamente la presión hidrostática originada por la columna de líquido. Se analizaron y descartaron también las cargas originadas por la presión del viento, la posible carga de nieve sobre el techo del tanque y su propio peso. Sin embargo dada la rigidez de la fijación de la base del tanque se propuso considerar las tensiones térmicas originadas por las contracciones al disminuir la temperatura lo cual origina tensiones térmicas de tracción en los cordones longitudinales que se superponen a la presión.

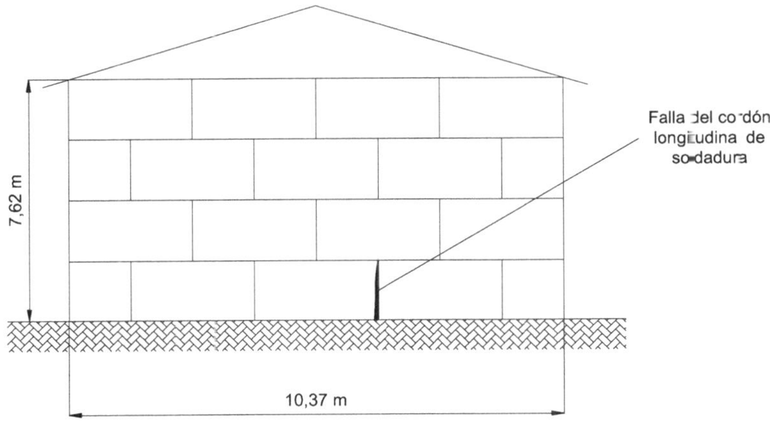

a) Esquema y dimensiones generales del tanque y posición de la falla

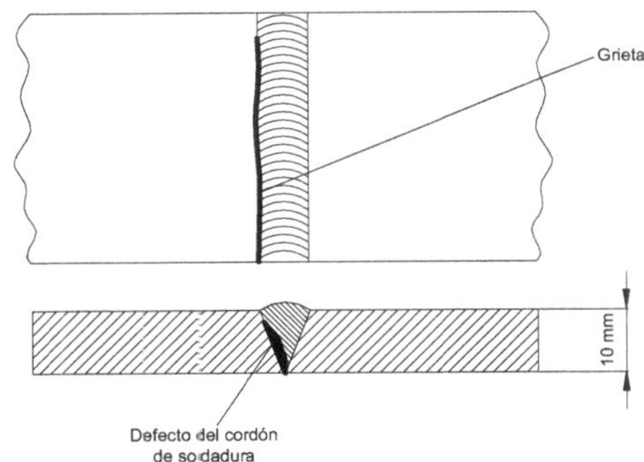

b) Esquema de la grieta y del defecto de la soldadura.

Fig. 25 Esquema del tanque y de la grieta y el defecto de la soldadura

Para el cálculo de las tensiones se investigó el peso específico del líquido, el cual arrojó un valor medio de 0,029 lb/plg^3 (0.84x10^{-3} kgf/cm^3). La Presión hidrostática en el fondo del tanque era:

$$p = \rho \cdot h = 0.84 \cdot 10^{-3} \cdot 762 = 0.613 \qquad kgf/cm^2$$

La tensión circunferencial (longitudinal) de tracción, debida a la presión hidrostática en los cordones longitudinales, teniendo en cuenta que el radio del tanque R = 518.5 cm y el espesor de la pared δ = 1 cm es:

$$\sigma_p = \frac{p \cdot R}{\delta} = \frac{0.613 \cdot 518.5}{1} = 317.8 \qquad kgf / cm^2$$

Para el cálculo de las tensiones se investigó que el tanque fue instalado en época de verano a una temperatura media de 70°F (21.1°C) y en el momento de la falla la temperatura era de − 28.9°C por lo que la diferencia de temperatura con relación a la de montaje era de Δt = 21.1− (-28.9) = 50°C

Asumiendo una restricción total a las contracciones térmicas y tomando para el acero: $E = 2 \cdot 10^6 \ kgf / cm^2$ y $\alpha = 12 \cdot 10^{-6} \, °C^{-1}$, la tensión debido a esta causa pudo alcanzar el valor de:

$$\sigma_t = E \cdot \alpha \cdot \Delta t = 2 \cdot 10^6 \cdot 12 \cdot 10^{-6} \cdot 50 = 1200 \qquad kgf / cm^2$$

La tensión resultante es:

$$\sigma_r = \sigma_p + \sigma_t = 317.8 + 1200 = 1517.8 \quad kgf / cm^2$$

b) Investigación de las propiedades del material.

Las propiedades del material desde el punto de vista de la Mecánica de la Fractura eran desconocidas por lo que se decidió cortar 15 probetas que contenían el cordón longitudinal. De estas 14 fueron ensayadas para obtener la tenacidad del material como una función de la temperatura y la restante se empleó para conocer las propiedades de propagación de la grieta por fatiga. Los resultados de los ensayos se muestran en la Fig. 26 a) y b)

Para que los ensayos cumplan los requerimientos de deformación plana tiene que cumplirse que:

$$t \geq 2{,}5 \left(\frac{K_{Ic}}{\sigma_f} \right)^2$$

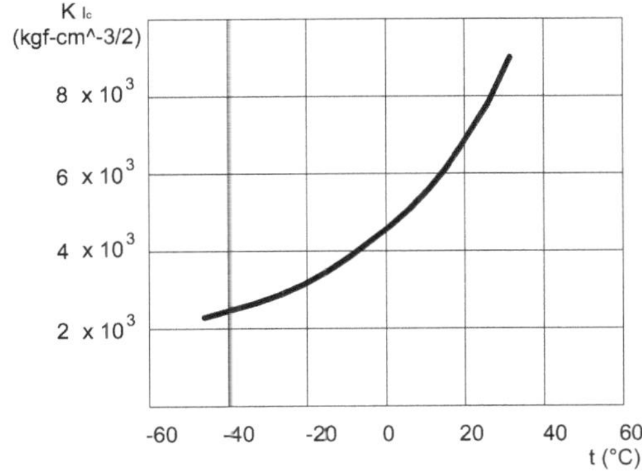

a) Tenacidad a la fractura en función de la temperatura.

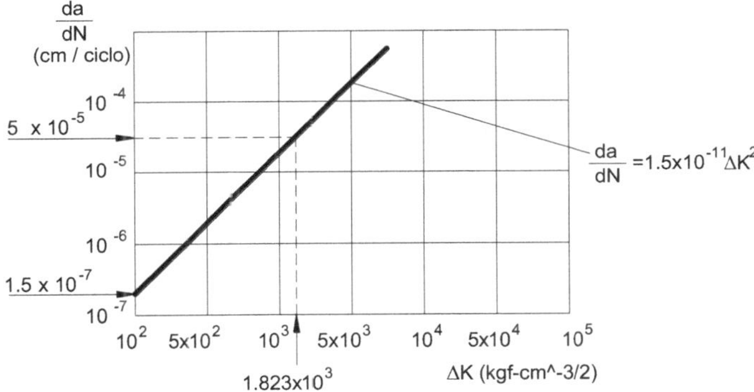

b) Razón de crecimiento de la grieta por fatiga.

Fig. 26. Datos experimentales del material.

Los datos disponibles del material indican que la tensión de fluencia en el rango de temperatura bajo cero en que se produjo la falla es de $\sigma_f \cong 3000$ kgf / cm^2. Como los ensayos se realizaron con probetas de 1 cm de espesor se despejó, de la ecuación anterior el máximo valor de K_{Ic} que pudiera ser válido. O sea:

$$K_{Ic} \leq \sqrt{\frac{t \cdot \sigma_f^{\,2}}{2,5}} = \sqrt{\frac{1(3000)^2}{2,5}} = 1897,4 \quad kgf / cm^2$$

Los valores de la tenacidad a la fractura obtenidos en los ensayos experimentales son todos mayores que este valor, o sea, no se cumplen los requerimientos de la deformación plana, sin embargo, como los valores experimentales fueron obtenidos con probetas del mismo espesor que la construcción real ellos reflejan (en al menos cierto grado) la tenacidad a la fractura del material para dicho espesor y por lo tanto pueden ser utilizados para el análisis de este problema en particular, verificando que las probetas hayan fallado por desarrollo progresivo de la grieta y no por colapso de la sección neta.

En la investigación de los aspectos relacionados con la soldadura en la zona de la grieta que podrían haber determinado o inducido en la fractura se pudo precisar que en la soldadura existía un defecto correspondiente a una zona de pobre fusión en el borde interior del cordón como se muestra en la Fig. 27 b) y cuyas dimensiones eran de longitud 3 cm y profundidad 3 mm = 0.3 cm, el cual podía ser considerado como un defecto superficial elíptico tal como se representa en la Fig. 3.

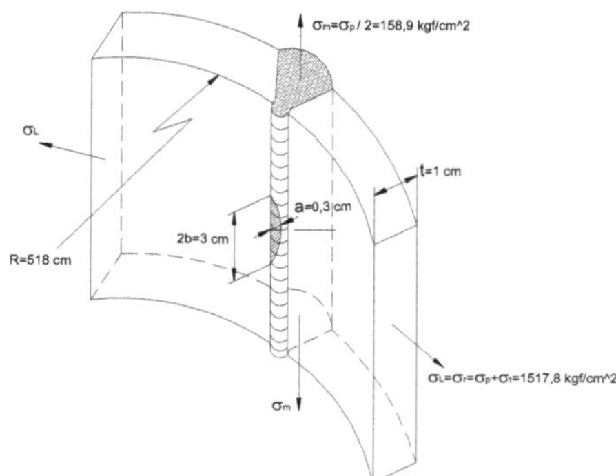

Fig. 27 Localización, dimensiones y estado tensional del defecto localizado en la soldadura del tanque.

c) Análisis de la fractura.

Se evaluó inicialmente la posibilidad de que el mencionado defecto de la soldadura fuese la causa directa de la fractura. La expresión para el cálculo del factor de intensidad de tensiones K_I para el caso de un defecto semielíptico superficial en una placa sometida a tracción aparece en el caso No. 24 del presente material:

$$K_I = \beta \cdot \sigma \sqrt{\pi \cdot a}$$

Donde:
$$\beta = \frac{1,12 \cdot M_k\left(\frac{a}{t}; \frac{a}{2b}\right)}{\phi\left(\frac{a}{2b}\right)} \cdot \left(Sen^2\varphi + \frac{a^2}{b^2} \cdot Cos^2\varphi\right)^{\frac{1}{4}}$$

Los valores de M_k y Φ se obtienen de las gráficas de la Fig. 28

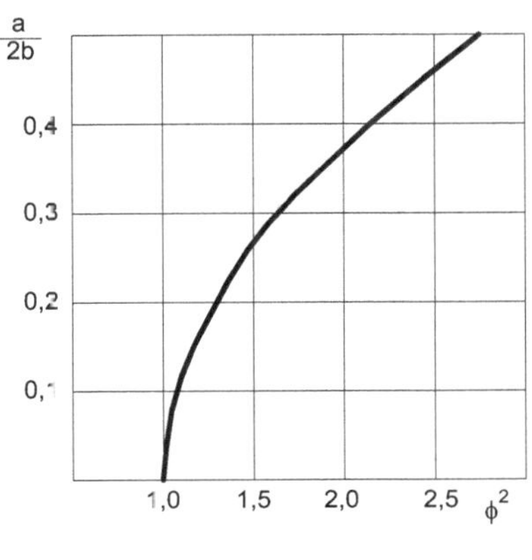

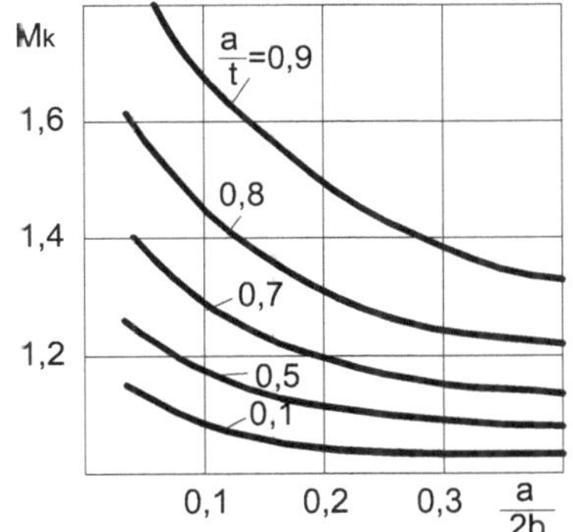

Fig. 28 Valores de $\phi^2 = f\left(\dfrac{a}{2b}\right)$ **y de** $M_k\left(\dfrac{a}{t};\dfrac{a}{2b}\right)$

El valor de $\phi^2 = f\left(\dfrac{a}{2b}\right)$. Para $\dfrac{a}{2b}=\dfrac{0,3}{3}=0,1$, del gráfico 2.7.4 a) se obtiene que $\phi^2 =1,1$ de donde $\phi \cong 1,05$.

El valor de $M_k = f\left(\dfrac{a}{t};\dfrac{a}{2b}\right)$. Para $\dfrac{a}{2b}=0,1$ y $\dfrac{a}{t}=\dfrac{0,3}{1}=0,3$ se obtiene de la grafica 2.7.4 b) que $M_k =1,16$

Para $\phi = \dfrac{\pi}{2}$ (punto más profundo del defecto) se obtiene que:

$$\beta = \frac{1{,}12 \cdot 1{,}16}{1{,}05} = 1{,}237$$

En la realidad el caso que se tiene es un defecto semielíptico superficial bajo un estado tensional plano σ_L, σ_m, sin embargo teniendo en cuenta que $\sigma_m \ll \sigma_L$, se puede tomar el valor de β obtenido para el defecto semielíptico sometido a un estado uniaxial $\sigma_L = 1517.8$ kgf/cm^2, $\sigma_m = 0$

Calculando el valor de K_I se obtiene que:

$$K_I = \beta \cdot \sigma_L \sqrt{\pi \cdot a} = 1{,}237 \cdot 1517{,}8 \sqrt{\pi \cdot 0{,}3} = 1823{,}2 \qquad kgf - cm^{-3/2}$$ Este valor es inferior que el valor experimental obtenido de K_{Ic} para la temperatura de la falla (t = - 28,9 °C) el cual está alrededor de $K_{Ic} = 2700$ $kgf - cm^{-3/2}$, aunque este valor no fue obtenido para la deformación plana y la tenacidad a la deformación plana es menor que la que fue medida con el espesor de 10 mm. No obstante se consideró que era posible también la presencia de alguna tensión residual complementaria que propiciara el desarrollo del defecto superficial hasta convertirlo en una grieta pasante, o que también pudiera existir una zona local de más baja tenacidad que contribuyera a que esto ocurriera.

Se evaluó entonces que ocurriría si el defecto superficial se convirtiera en una grieta pasante de dimensión $2a = 2b = 3cm$

El factor de intensidad de tensiones para el caso de una grieta longitudinal pasante en un recipiente de pared delgada bajo presión interior es:

$$K_{Ip} = \beta \cdot \sigma_p \sqrt{\pi \cdot a}$$

Donde:

$$\beta = \left(1 + 1{,}61 \cdot \frac{a^2}{R \cdot t}\right)^{1/2} \quad \text{y} \quad \sigma_p = \sigma_L = \frac{p \cdot R}{t}$$

R – Radio del recipiente, t – Espesor de la pared y p – Presión interior.

Este valor de β solo es aplicable para el caso de recipientes presurizados. Para el factor de intensidad de tensiones debido a las tensiones térmicas se puede tomar $\beta = 1$

Aplicando la superposición en el caso de la grieta pasante tomando en cuenta la tensión debida a la presión σ_p y las tensiones térmicas σ_t, se tiene que:

$$K_I = K_{Ip} + K_{It} = \left(1 + 1{,}61 \cdot \frac{a^2}{R \cdot t}\right)^{1/2} \cdot \sigma_p \sqrt{\pi \cdot a} + \sigma_t \sqrt{\pi \cdot a}$$

Sustituyendo los valores numéricos en esta expresión:

a = 1,5 cm, R = 518 cm, t = 1 cm, $\sigma_p = 317{,}8$ kgf/cm^2 y $\sigma_t = 1200$ kgf/cm^2

$$K_I = \left(1 + 1,61 \cdot \frac{1,5^2}{518 \cdot 1}\right)^{1/2} \cdot 317,8\sqrt{\pi \cdot 1,5} + 1200\sqrt{\pi \cdot 1,5} = 3297,3 kgf - cm^{-3/2}$$ el está por encima

de la tenacidad a la fractura medida para el material a la temperatura de la falla $t = -28,9°C$, o

sea, $K_{Ic} = 2700 kgf - cm^{-3/2}$

Se concluye entonces que la fractura ocurrió una vez que el defecto superficial se extendió en forma de grieta a través de todo el espesor. Las tensiones residuales se reducen en la medida que la grieta se extiende.

Con el objetivo de disponer de suficiente información para la elaboración del plan de medidas se calculó el factor de intensidad de tensiones para diferentes tamaños de grietas y para diferentes localizaciones de la misma en el tanque. Para ello se supuso que no solo la presión es proporcional a la altura de la columna de líquido, sino que las tensiones térmicas disminuyen linealmente con la altura, ya que la restricción total a las dilataciones térmicas solo existe en el fondo del tanque. Las tensiones provocadas por la presión y las tensiones

térmicas para $h = 0$, $h = \frac{1}{3}H$, $h = \frac{2}{3}H$, $h = H$ son:

Valores de las tensiones en función de la altura.				
Altura (cm.) Tensión,	0	254	508	762
$\sigma_p - kgf/cm^2$	317,80	211,87	105,93	0
$\sigma_t - kgf/cm^2$	1200,00	800,00	400,00	0

Para estos valores de tensión se calculó el factor de intensidad de tensiones K_I para diferentes tamaños de la grieta. Los resultados obtenidos aparecen reflejados en la Tabla 2.

Valores de K_I para diferentes alturas y tamaños de grieta en $kgf - cm^{-3/2}$			
h - cm. 2a - cm.	0	254	508
3,0	3297,3	2197,4	1098,7
6,0	4673,2	3116,0	1558,0
9,0	5744,0	3668,0	1915,0
12,0	6662,4	4441,6	2221,0

Para poder realizar una interpolación visual rápida de estos resultados los mismos se plotearon en una gráfica K_I vs. 2a (Figura 29)

De este gráfico se aprecia fácilmente que para la tenacidad a la fractura obtenida experimentalmente en el material para $t \geq 0°C$, donde $K_{Ic} = 4700 kgf - cm^{-3/2}$ se puede soportar una grieta pasante de 6 cm. De longitud por lo que se puede concluir que para aquellos tanques que están ubicados en regiones donde la temperatura ambiente sea mayor que $t = 0°C$, la probabilidad de fractura a partir de un pequeño defecto o de una micro-grieta es prácticamente nula. Para $t = -10°C$ se puede soportar una grita pasante de 3cm. También improbable.

Para confirmar este razonamiento se evaluó que grado de crecimiento se puede producir producto de la variación de las tensiones provocadas por el vaciado y el llenado del tanque (50 años) suponiendo que existiera un defecto semielíptico como el que produjo la falla del tanque.

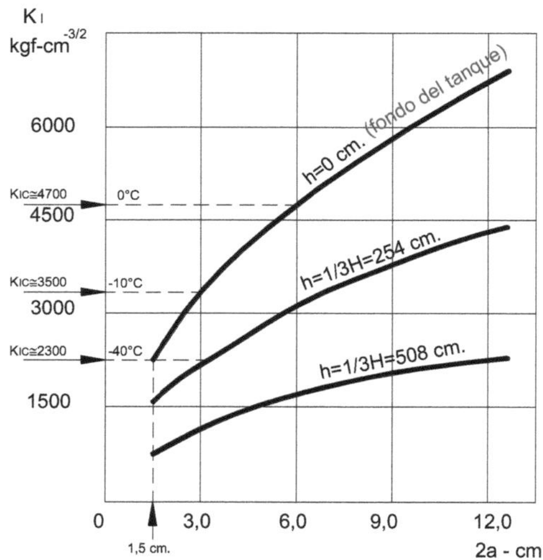

Fig. 29. Valores de K$_I$ para diferentes alturas y tamaño de grietas.

Con el tanque vacío la tensión provocada por la acción hidrostática del líquido es nula $\sigma = 0$ y con el tanque lleno se evaluó anteriormente $\sigma_p = 317.8$ kgf/cm^2, o sea, que para un ciclo de llenado-vaciado $\Delta\sigma = 317.8$ kgf/cm^2 y

$$\Delta K_I = \beta \cdot \Delta\sigma\sqrt{\pi \cdot a} = 1,237 \cdot 317,8\sqrt{\pi \cdot 0,3} = 381,7 \quad kgf - cm^{-3/2}$$

Calculando la razón de crecimiento de la grieta por la ecuación obtenida

$$\frac{da}{dN} = 1,5 \cdot 10^{-11} \cdot \Delta K^2 = 1,5 \cdot 10^{-11}(381,7)^2 = 7 \cdot 10^{-6} \quad cm/ciclo$$

El tanque se vacía y se llena 12 $veces/año$ por lo que en 50 años se producirán 600 ciclos. El crecimiento de la grieta en este período es de (considerando constante en el tiempo la razón de crecimiento):

$$\Delta a = \frac{da}{dN} \cdot \Delta N$$

$$\Delta a = 7 \cdot 10^{-6} \cdot \Delta N = 7 \cdot 10^{-6} \cdot 600 = 4,2 \cdot 10^{-4} \qquad cm$$

lo cual es despreciable.

Si se analiza la variación de las tensiones térmicas producto de la variación de la temperatura del invierno al verano en las regiones como en la que se produjo la avería se puede estimar una variación máxima de la temperatura ambiente $\Delta t = 64°C$, tomando en cuenta condiciones bien severas, lo cual corresponde a una amplitud de las tensiones térmicas $\Delta \sigma = E \cdot \alpha \cdot \Delta t = 2 \cdot 10^6 \cdot 12 \cdot 10^{-6} \cdot 64 = 1536 \qquad kgf/cm^2$ y la variación del factor de intensidad de tensiones por esta causa

$$\Delta K_I = \beta \cdot \Delta \sigma \sqrt{\pi \cdot a} = 1,237 \cdot 1536,8 \sqrt{\pi \cdot 0,3} = 1845 \qquad kgf - cm^{-3/2}$$

La razón de crecimiento en este caso

$$\frac{da}{dN} = 1,5 \cdot 10^{-11} \cdot \Delta K^2 = 1,5 \cdot 10^{-11} (1845)^2 = 0,5 \cdot 10^{-4} \qquad cm/ciclo$$

Esta variación de temperatura se produce una vez por año, de aquí que en 50 años el total de ciclos será $\Delta N = 50$ ciclos y el crecimiento de la grieta en ese período será:

$$\Delta a = \frac{da}{dN} \cdot \Delta N$$

$$\Delta a = 0,5 \cdot 10^{-6} \cdot \Delta N = 7 \cdot 10^{-4} \cdot 50 = 0,025 \quad cm$$

Lo cual es extremadamente pequeño.

Se concluye por lo tanto que la posibilidad del crecimiento subcrítico de la grieta a partir de un defecto de la soldadura para los niveles de tensiones habituales del tanque es prácticamente improbable, si el defecto es de dimensiones similares al observado en este caso.

Sin embargo se analizó que para las regiones frías donde la temperatura puede alcanzar los valores más bajos $(t = -42,8°C)$, la tensión resultante puede alcanzar valores del orden de:

$$\sigma_r = \sigma_p + \sigma_t = 317.8 + 1536 = 1853.8 \quad kgf/cm^2$$

y un defecto como el analizado implica que:

$$\Delta K_I = \beta \cdot \Delta \sigma \sqrt{\pi \cdot a} = 1,237 \cdot 1853,8 \sqrt{\pi \cdot 0,3} = 2226 \qquad kgf - cm^{-3/2}$$

Valor que es del orden de la tenacidad a la fractura observada experimentalmente para el material a estas bajas temperaturas (Ver Fig. 2 a)

Con los resultados obtenidos en el análisis realizado se elaboró el siguiente plan de medidas.

d) Plan de de control para prevenir la ocurrencia del hecho.

1. Ninguna acción sobre aquellos tanques ubicados en regiones desde la temperatura $t \geq -10°C$. En este caso la tenacidad del material es tal que puede soportar la presencia de una grieta pasante de 3 cm., lo cual es absolutamente improbable dados los métodos de control que se emplean durante la construcción de los mismos y la imposibilidad que un determinado defecto pueda crecer hasta esa magnitud. El número de tanques en estas condiciones es de 85, o sea, solo 15 tanques están ubicados en regiones más frías y de ellos solo 3 están ubicados en regiones donde la temperatura es inferior a los -20°C. Todas las restantes medidas se refieren por lo tanto a estos 15 tanques.

2. Inspección total de todos los cordones longitudinales en el tercio inferior de estos 15 tanques utilizando Rayos X (total 5 tanques equivalente)

3. Todos los defectos detectados en estos 15 tanques deben ser reparados, o sea, esmerilados con piedra y soldados nuevamente, controlando la calidad de nuevo con Rayos X.

4. En los 3 tanques que están en las regiones más frías en el cuatrimestre de Diciembre a Marzo, período en el cual pueden producirse las temperaturas más bajas, inferiores a los -20°C, los tanques deben ser llenados hasta 2/3 de su altura. Esto provocará una caída de la tensión que permitirá que una grieta pasante de 3 cm. Pueda ser soportada aun en las condiciones de temperaturas más bajas. Si todos los defectos de los cordones inspeccionados fueran eliminados con este plan de control no debían ocurrir fallas posteriores, no obstante, para tomar en cuenta la posible heterogeneidad del material y las posibles tensiones residuales no cuantificadas se propuso la siguiente medida complementaria.

5. Realizar a los 15 tanques el control con Rayos X al 50% de los cordones longitudinales del tercio inferior una vez al año en el momento en que los tanques estén vacíos y reparar los defectos. Deben rotarse los cordones de un año al otro. (total 2,5 tanques equivalentes por año)

e) Estimado de gastos para prevenir la recurrencia.

Gastos del primer año

- Costo de la investigación y elaboración del plan de control.__________30 000 USD

- Costo de inspección con Rayos X (1 hombre – año equivalente)_______36 000 USD

- Costo de reparación de defectos (1/4 hombre – año equivalente)._______9 000 USD

- Pérdidas anuales estimadas por déficit de almacenamiento__________15 000 USD

Total de gastos primer año.__________90 000 USD

Gastos anuales para mantenimiento del plan de control.

- Costo de mantenimiento del plan $\left(\dfrac{36000}{2} + \dfrac{9000}{8} + 15000 \right) = 34125 \quad USD$

(La inversión se redujo al 50%, la reparación de defectos a un 12,5 % y las pérdidas al 100%)

En la vida útil de 50 años el costo total es de 1 762 125 USD inferior a los 2 millones mínimo de

recurrencia.

Ejemplo 5 Ejemplo de Cálculo de Crecimiento Subcrítico de la Grieta.

Planteamiento del Problema

Se está diseñando un recipiente presurizado tal como se muestra en la Fig. 30 a), las dimensiones de proyecto se muestran en la misma. La falla de dicho recipiente puede provocar daños considerables que pueden incluir la pérdida de vidas humanas. Se requiere reducir a prácticamente cero la probabilidad de falla del recipiente producto de la posibilidad de la existencia de microgrietas o defectos.

La presión interior del recipiente fluctúa aproximadamente entre los valores $p_{max}=20$ kgf/cm^2 y $p_{min}=10$ kgf/cm^2 con una frecuencia de 1 ciclo cada 15 minutos. La presión límite del sistema está regulada con válvula de seguridad en un valor $p_{lim} = 26$ kgf/cm^2. La vida útil del recipiente es de 10 años. Elabore un conjunto de recomendaciones que abarquen el diseño, la fabricación y la explotación que garantice la ausencia de fallas del recipiente en su vida útil.

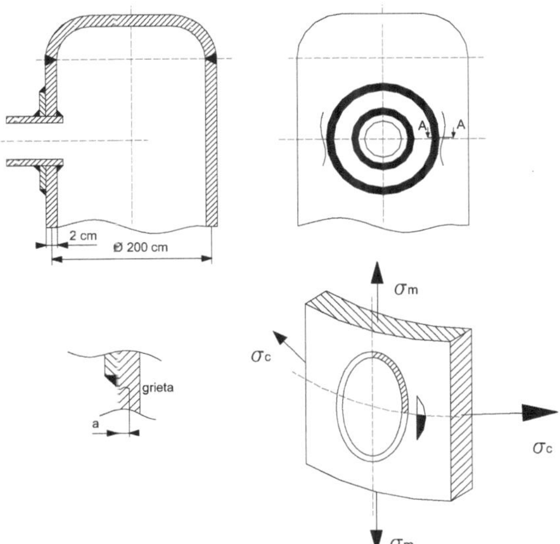

Fig. 30. Esquema y dimensiones del recipiente y posible zona de aparición de grietas superficiales y forma de la grieta supuesta.

Solución:

La relación espesor de la pared al radio del recipiente $\dfrac{t}{R} = \dfrac{2}{100} = 0,02$ es muy pequeña, de aquí que el recipiente puede ser considerado como una bóveda de paredes delgadas. Las tensiones pueden calcularse por la ecuación de Laplace. En los planos longitudinales, las tensiones son el doble de las que surgen en las secciones transversales o planos meridionales. De donde:

$$\sigma_{c\,max} = p_{max} \cdot \frac{R}{t} = \frac{20 \cdot 100}{2} = 1000 \; kgf \, / \, cm^2$$

$$\sigma_{c\,min} = p_{min} \cdot \frac{R}{t} = \frac{10 \cdot 100}{2} = 500 \; kgf \, / \, cm^2$$

$$r = \frac{\sigma_{c\,min}}{\sigma_{c\,max}} = \frac{500}{1000} = 0,5$$

La variación de las tensiones:

$$\Delta\sigma = \sigma_{c\,max} - \sigma_{c\,min} = 1000 - 500 = 500 \; kgf \, / \, cm^2$$

La presión límite del sistema es $p_{lim}=26$ kgf/cm^2. La tensión límite máxima en la pared del recipiente será:

$$\sigma_{c\,lim} = p_{lim} \cdot \frac{R}{t} = \frac{26 \cdot 100}{2} = 1\,300 \; kgf \, / \, cm^2$$

El material del recipiente es acero inoxidable de alta resistencia cuyo límite de fluencia es σ_f = 5 700 kgf/cm^2 y su tenacidad a la fractura bajo condición de deformación plana es K_{Ic} = 4 250 kgf/cm^2 cm$^{1/2}$. Los datos acerca de la razón de crecimiento de la grieta para un acero similar fueron encontrados en la literatura disponible y pueden ser descritos por la ecuación:

$$\frac{da}{dN} = \frac{10^{-11} \cdot \Delta K^2}{(1-r)^2} \qquad cm/ciclo$$

Se comprobó primero el espesor requerido en la pared del recipiente para que sean aplicables las consideraciones de la deformación plana.

$$t \geq 2{,}5 \cdot \left(\frac{K_{Ic}}{\sigma_{ys}} \right)^2 = 2{,}5 \cdot \left(\frac{4\,250}{5\,700} \right)^2 = 1{,}4 \; cm$$

Se cumplen estas condiciones ya que t =2 cm > 1,4 cm.

Se considera que las secciones más probables para la aparición de microgrietas son las secciones longitudinales contiguas a los cordones de soldadura de la placa de refuerzo del orificio para la conexión de la tubería a causa de la presencia del concentrador de tensiones de la soldadura, tal como se muestra en la Fig. 2.

Se considera que por ser el cordón de soldadura exterior las microgrietas pueden aparecer de forma semielíptica en la superficie exterior (caso 24 del folleto) para las cuales:

$$\beta_{grieta} = 1{,}12 \cdot \frac{M_k}{\phi} \quad \text{para } \varphi = \pi/2 \text{ punto más profundo.}$$

La situación más crítica en el inicio de este tipo de grietas es cuando pueden aparecer un número grandes de microgrietas próximas una a la otra y pueden unirse formando una microgrieta de muy pequeña profundidad y gran longitud, o sea, $\dfrac{a}{2b} \to 0$. En este caso, el coeficiente ϕ toma el valor menor posible $\phi = 1$. Esta razón entre a y b se considera constante durante todo el proceso de crecimiento de la grieta. En la literatura especializada de Mecánica de la Fractura se reporta un valor de β suplementario por la presencia de la concentración de tensiones en la soldadura $\beta_{sold} = 1,3$. Se introducirá entonces este factor para tomar en cuenta este efecto en el incremento local de la tensión en esta zona. Aplicando entonces el principio de la composición:

$$K_I = \beta_{sold} \cdot \beta_{grieta} \cdot \sigma \cdot \sqrt{\pi \cdot a}$$

Para $\beta_{sold} = 1,3$, $\beta_{grieta} = 1,12 \cdot \dfrac{M_k}{\phi}$ con $\phi = 1$, se tiene que, la condición de fractura será:

$$K_I = 1,3 \cdot 1,12 \cdot M_k \cdot \sigma \cdot \sqrt{\pi \cdot a} = K_{Ic}$$

De donde se puede despejar la tensión de fractura σ_c o resistencia residual. O sea:

$$\sigma_c = \frac{K_{Ic}}{1,46 \cdot M_k \cdot \sqrt{\pi \cdot a_c}}$$

En la Tabla se muestran los valores de la Tensión Crítica σ_c obtenida para diferentes valores del tamaño de la grieta crítica a_c.

a_c cm	$\sqrt{\pi \cdot a_c}$	a/t	M_k	σ_c kgf/cm^2
0,25	0,887	0,125	1,17	2 805
0,50	1,253	0,250	1,20	1 936
0,75	1,535	0,375	1,23	1 542
1,00	1,773	0,500	1,27	1 293
1,25	1,982	0,625	1,35	1 038
1,50	2,171	0,750	1,50	894
1,75	2,345	0,875	1,75	710

La curva de resistencia residual y la aproximación a la tangente para el caso de pequeñas grietas aparecen ploteadas en la Fig. 31.

De la curva de resistencia residual se obtiene que para la tensión límite máxima a la que puede trabajar el recipiente es $\sigma_{lim} = 1\ 300$ kgf/cm^2, una grieta semielíptica superficial de profundidad $a_c = 0,95$ cm provocará la fractura del recipiente.

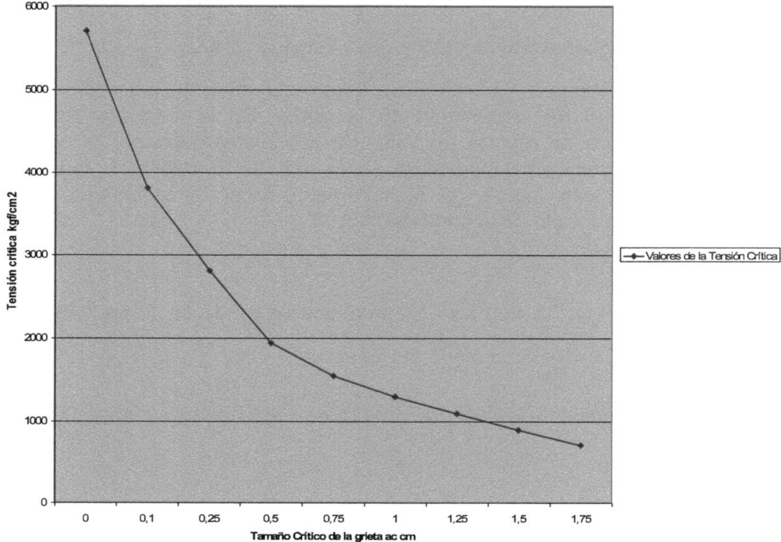

Figura 31 Gráfico de Resistencia Residual

En las condiciones de fractura el radio vector que abarca la zona plástica en el vértice de la grieta será:

$$r_p = \frac{\beta \cdot a}{2} \cdot \left(\frac{\sigma_c}{\sigma_{ys}}\right)^2 = \frac{1,46 \cdot M_k}{2} \cdot \left(\frac{\sigma_c}{\sigma_{ys}}\right)^2 = \frac{1,46 \cdot 1,26}{2} \cdot \left(\frac{1300}{5700}\right)^2 = 0,048 \cdot a$$

Solo un 4,8 % del tamaño de la grieta, por lo que son válidas las consideraciones de la MFLE.

a_i cm	Δa cm	$\sqrt{\pi \cdot a_i}$	a_i/t	Mk_i	ΔK_i MPa $\sqrt{m}$	$(da/dN)_i$ cm/ciclo x 10^6	$\Delta N_i =$ $\Delta a/(da/dN)_i$ ciclos	$N_i = N_{i-1} +$ ΔN_i ciclos	H_i Horas N_i/f
0,05	-	-	-	-	-	-	-	0	0
0,10	0,05	0,56	0,050	1,05	429	0,736	67 935	67 935	16 984
0,15	0,05	0,69	0,075	1,10	554	1,230	40 650	108 585	27 146
0,20	0,05	0,79	0,100	1,15	663	1,760	28 409	136 994	34 249
0,25	0,05	0,89	0,125	1,16	754	2,280	21 930	158 924	39 731
0,30	0,05	0,97	0,150	1,17	829	2,750	18 182	177 106	44 277
0,40	0,10	1,12	0,200	1,18	965	3,730	26 810	203 916	50 979

0,50	0.10	1,23	0,250	1,20	1 078	4,650	21 505	242 228	60 557
0,60	0.10	1,37	0,300	1,22	1 220	5,950	16 807	259 035	64 759
0,80	0,20	1,59	0,400	1,25	1 451	8,420	23 753	282 738	70 697
1,00	0,20	1,77	0,500	1,27	1 641	10,80	18 582	301 370	75 343

En la Tabla se muestra el cálculo de la razón de crecimiento de la grieta por la ecuación de la razón de crecimiento seleccionada. El cálculo de las horas se realizó a partir del dato de que se produce un ciclo cada 15 min. O sea:

$$H_i = N_i(ciclos) \cdot 0{,}25 \frac{horas}{ciclos} \quad (horas)$$

En la Fig. 32 aparece ploteada la gráfica de crecimiento subcrítico de la grieta. Se consideró el mínimo tamaño detectable de la grieta igual a a_d =0,3 cm. El plazo de crecimiento hasta ese valor a partir de un microdefecto es de 44 277 horas. Para el tamaño crítico a_c = 0,95 cm, el plazo de crecimiento es de 74 000 horas. El plazo de tiempo disponble para tomar acciones correctivas es de Δt =74 000 h – 44 277 h = 29 723 h, Teniendo en cuenta que un año de explotación (365 días) a 24 horas de explotación por día corresponde lo anterior a un intervalo de:

Δt = 3,44 años

Un microdefecto pudiera provocar la fractura del recipiente si no se controla su crecimiento en un plazo de 3,44 años.

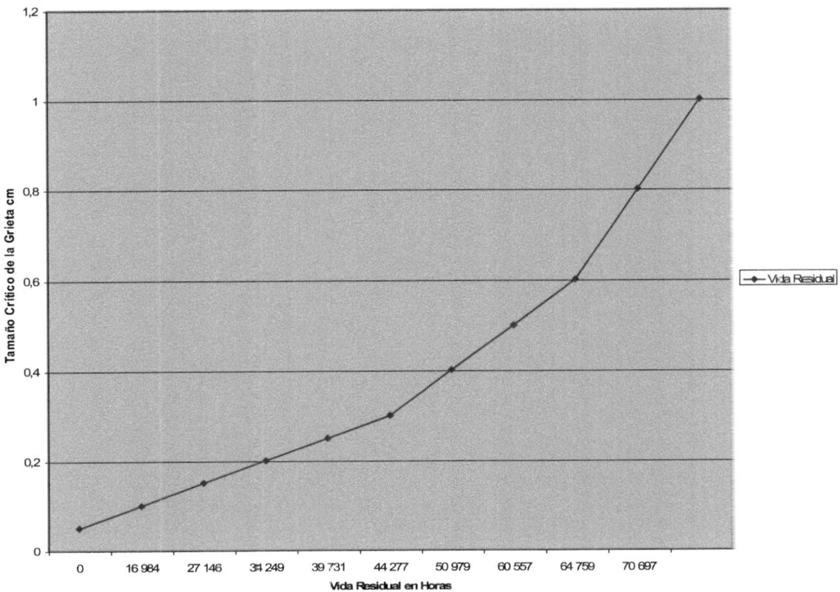

Figura. 32· Gráfico de Crecimiento subcrítico de la Grieta

Recomendaciones:

1. Con relación al diseño del recipiente se recomienda elevar el espesor de la pared a 3 cm. Esto reduce la tensión límite a 867 kgf/cm^2, lo cual eleva el tamaño de la grieta crítica a $a_c = 1,6$ cm y se elevará la vida remanente acercando esta a la vida útil, disminuyendo enormemente la probabilidad de falla durante la misma.

2. Desde el punto de vista de la fabricación es imprescindible aplicar un eficiente sistema de inspección de calidad a todos los cordones de soldadura, excluyendo de esta forma la presencia de defectos de tamaño superior al mínimo detectable establecido. En este caso se recomienda la aplicación de Ultrasonido o Rayos X. Los defectos detectados deberán ser reparados sin excepción.

3. Durante la explotación se recomienda realizar al inicio de esta el control ultrasónico a todos los cordones longitudinales. En caso de encontrarse defectos o pequeñas grietas ampliar el control a todos los cordones de soldadura y en dependencia del número de grietas y sus dimensiones decidir la reparación o la separación del servicio del recipiente.

4. El control ultrasónico debe realizarse sistemáticamente en un plazo de 1 año ($\pm$ 1 mes) durante toda la vida útil del recipiente.

Referencias

1.	Altshuler, T. L. "Fatigue: life predictions for materials selection and design". Metals Park, OH: American Society for Metals. 1986. p. 321-386.

2.	Anderson, T. L. "Fracture mechanics: fundamentals and applications". Boca Raton (FL): CRC Press, cop. 1991, p. 150-254.

3.	Bannantine, J. A. Comer, J. J. James L. "Fundamentals of metal fatigue analysis". Englewood Cliffs (NJ): Prentice Hall, cop. 1990. p. 210-401.

4.	Barsom, J. M. and Rolfe, S. T. "Fracture and Fatigue Control in Structures", 2nd ed., Prentice Hall, Upper Saddle River, N.J. 1987, p. 52-208.

5.	Barsom, J. M. Rolfe, S. T. "Correlations between KIc and Charpy V-Notch test results in the transition-temperature range", Impact Testing of Metals, ASTM STP 466, American Society for Testing and Materials, 1987, p. 281 – 302.

6.	Barsom, John M. "Fracture and fatigue control in structures: applications of fracture mechanics". Woburn (MA): Butterworth-Heinemann, 1999. p. 85-325.

7.	Benthem, J. P., Koiter W. T., "Asymptotic approximations to crack problems", Chapter 3, Mechanics of fracture 1, Method of Analysis and Solutions of Crack Problems, G. C. Sih, ed., Noordhoff InternationalPublishing. Leyden, 1973, p. 131 – 173.

8.	Broek, D. "Elementary Engineering Fracture Mechanics", 4th ed., Kluwer Academic Pubs., Dordrecht, the Netherlands. 1986, p. 15-186.

9.	Broek, D. "Fracture Mechanics"./ D. Broek.-- USA: Institute of the Chemical Process Industries. Irc, 1983, -571 p.

10.	Broek, D. "The practical use of fracture mechanics". Dordrecht: Kluwer, ccp. 1989. p. 211-369.

11.	Brown, M. W. Miller, K. J. "Biaxial and multiaxial fatigue". London: Mechanical Engineering Publications, 1989. p.100-340.

12.	Brown, M. W., Miller, K. J., "Model I fatigue crack growth under biaxial stress at room and elevated temperature", ASTM STP 853, American Society for Testing and Materials, West Conshohocken, PA, 1985, p. 135 – 152.

13.	Buch, A. "Fatigue strength calculation". Trans Tech. Publications. 1988, p. 331 – 443.

14.	Chand, S. and Garg, S. B. L., " Crack Closure Studies Under Constant Amplitude Loading", Engineering Fracture Mechanics, 18, 1983, pp. 333-347.

15.	Chang, J. E. and Rudd, J. L. "Damage Tolerance of Metallic Structures: Analysis Methods and Applications, ASTM STP 842, Am. Soc. For Testing and Materials, West Conshohoken PA. 1984, p. 36-190.

16.	Dally, J. W. "Experimental stress analysis". New York: McGraw-Hill, cop. 1991, p. 20-90.

17.	Donahue, R. J., et. al. "Crack Opening Displacement and the rate of fatigue Crack Growth", International Journal of Fracture Mechanics, 8, 1972, pp. 209-219.

18. Dowling, N. E. "Mechanical behaviour of materials: engineering methods for deformation, fracture, and fatigue". Upper Saddle River (NJ): Prentice Hall, cop. 1999. p.239-550.

19. Elber, W. "Equivalent Constant-Amplitude Concept for Crack Growth Under Spectrum Loading", Fatigue Crack Growth Under Spectrum Loads, ASTM STP 595, American Society for Testing and Materials, Philadelphia, Pa. 1976, pp. 236-250.

20. Elber, W. "Fatigue Crack Closure Under Cyclic Tension", Engineering Fracture Mechanics, 2, 1970, pp. 37-45.

21. Erdogan, F., "Stress Intensity Factor", Journal of Applied Mechanics, 50, pp. 992-1002. 1963.

22. Fisher, J. W. Fatigue and Fracture in Steel Bridges: Case Studies, John Wiley, New York, NY. 1984, p. 6-86.

23. Fong, J. T. "Fatigue Mechanisms", ASTM STP 675, American Society for Testing and Materials, Philadelphia, Pa. 1979, p. 32-220.

24. Foreman, R. G., et al. "Development of the NASA/FLAGRO Computer Program", Fracture Mechanics: Eighteenth Symposium, Read, D. T. and Reed, R. P., ASTM STP 945, Am. Soc. For Testing and Materials, West Conshohocken, PA, 1988, pp. 781-803.

25. Foreman, R. G., Kearney, V. E. and Engle, R. M. "Numerical Analysis of Crack Propagation in Cyclic-Loaded Structures", Journal of Basic Engineering, 89, 1967, pp. 459-464.

26. Gao, H., Alagok, N., Brown, M. W., Miller, K. J., "Growth of fatigue cracks under combined Mode I and Mode II loads", ASTM STP 853, American Society for Testing and Materials, West Conshohocken, PA, 1985, p. 184 – 202.

27. Hofer, K. E. Equations for fracture mechanics. Machine Design (USA), 40; (3): p. 103-113, 1968.

28. Hoshide, T., Socie, D. F., "Crack nucleation and growth modeling in biaxial fatigue", Engineering Fracture Mechanics, Vol. 29, 1988, p. 287 – 299.

29. Hurd, N. J., Irwing, P. E., "Factors influencing propagation of mode III fatigue cracks under torsional loading", ASTM STP 761, American Society for Testing and Materials, West Conshohocken, PA, 1982, p. 212 – 233.

30. Imhoff, E. J. and Barsom, J. M. "Fatigue and Corrosion-Fatigue Crack Growth of 4340 Steel at Various Yield Strengths", Progress in Flaw Growth and Fracture Toughness Testing, ASTM STP 536, American Society for Testing and Materials, Philadelphia, 1973, pp. 182-205.

31. Iwadate, T. Tanaka, Y. Takemata, H. "Prediction of fracture toughness Klc transition curves of pressure vessel steels from Charpy V-Notch impact test results", Journal of Pressure Vessel Technology, Vol. 116, 1994, p. 353 – 357.

32. Kanninen, M. F Popelar, C. H. "Advanced fracture mechanics". New York: Oxford University Press, 1985. p.149-380.

33. Kokanda, S. "Fatigue Failures of Metals", Sijthoff and Noordhoff, Alphen ann den Rijn, The Netherlands, 1978 p. 34-108.

34. Liebowitz, H., Lee, J. D., Eftis, J. "Biaxial load effects in Fracture Mechanics", Engineering Fracture Mechanics, Vol. 10, 1978, p. 315 – 335.

35. Lindley, T. C. and Richards, C. E. "The Relevance of Crack Closure to Fatigue Crack Propagation", Materials Science and Engineering, 14, pp. 281-293, 1974.

36. Liu, A. F., Allison, J. A., Dittmer, D. F., Yamane, J.R., "Effect of biaxial stresses on crack growth', ASTM STP 677, American Society for Testing and Materials, West Conshohocken, PA, 1979,

37. Maddox, S. J. "The effect of Mean Stress on Fatigue Crack propagaton. A literature review", International Journal of Fracture, 11, 1975, p. 389-408.

38. McEvely, A. J. and Groeger, J. " On the Threshold for Fatigue-Crack Growth", Fourth International Conference on Fracture, Vol. 2, University of Waerloo Press Waterloo, Canada, 1977, pp.1293-1298.

39. Miner, M. A. "Cumulative Damage in Fatigue", Journal of Applied Mechanics, 12, 1945, pp. A159-A164.

40. Nelson, D. V. "Review of Fatigue-Crack-Growth Prediction Methods', Experimental Mechanics, 17, 1977, pp. 41-49.

41. Otsuka, A., Mori, K., Miyaa, T., "The condition of fatigue crack growth in mixed mode condition", Engineering Fracture Mechanics, Vol. 7, 1975, p. 427 – 439

42. Otsuka, A., Tohgo, K, and Skjolstrup, C. E., "Fatigue crack growth in high strength aluminum alloy weldments under Mode II loadings", in The Mechanism of Fracture, ASM International, Materials Park, Ohio, 1986, p. 265 – 275.

43. Paris, P. C. "Twenty Years of Reflection on Questions Involving Fatigue Crack Growth", Fatigue Thresholds, J. Backlund, and C. J. Beevers, Chamelen, London, 1982, pp. 3-10.

44. Paris, P. C., Bucci, R. J., Wessel, E. T., Clark, W. G., Jr., and Mager, T. R., "An extensive Study on Low Fatigue Crack Growth Rates in A533 anc A508 Steels", Stress Analysis and Growth of Cracks, Part I, ASTM STP 513, American Society for Testing and Materials, Philadelphia, Pa., 1972, pp. 141-176.

45. Petit, J. et. al. "Fatigue crack growth under variable amplitude loading". London: Elsevier, cop. 1988. p. 100-367.

46. Petrak, G. J. and Gallagher, J. P. "Prediction of the Effect of Yield Strength on Fatigue Crack Growth Retardaton in HP-9Ni-4Co-30C Steel", Journal of Engineering Materials and Technology, 97, pp. 206-213. 1975.

47. Plumbridge, W. J. "Review: Fatigue Crack Propagation in Metallic and Polymeric Materials", Journal of Materials Science, 7, 1972, pp. 939-962.

48. Priddle, E. K. "High Cycle Fatigue Crack Propagation Under Random and Constant Amplitude Loadings" International Journal of Pressure Vessels and Piping, 4, 1976, pp. 89-117.

49.   Probst, E. P. and Hillberry, B. M. "Fatigue Crack Delay and Arrest Due to Single Peak Tensile Overloads", AIAA Journal, 12, 1974, pp. 330-335.

50.   Reddy, S. C., Fatemi, A., "Small crack growth in multiaxial fatigue", ASTM STP 1122, American Society for Testing and Materials, West Conshohocken, PA, 1992, p. 276 – 298.

51.   Ritchie, R. O., McClintock, F. A., Tschegg, E. K., Nayeb-Hashemi, H., "Mode III fatigue crack growth under combined torsional and axial loading", ASTM STP 853, American Society for Testing and Materials, West Conshohocken, PA, 1985, p. 203 – 227.

52.   Schijve, J. "Four Lectures on Fatigue Crack Growth", Engineering Fracture Mechanics, 11, 1979, pp. 167-221.

53.   Sih, G- C. and Barthelemy, B. M. "Mixed Mode Fatigue Crack Growth Predictions", Engineering Fracture Mechanics, Vol. 13, 1980, pp. 439 – 451.

54.   Sih, G. C. "Experimental evaluation of stress concentration and intensity factors: useful methods and solutions to experimentalists in fracture mechanics". The Hague: Nijhoff, 1981. p. 140-364.

55.   Sih, G. C. "Mechanics of Fracture, Vol. 1, Noordhoff International Publishing, Leyden, 1973, pp. 23 – 44.

56.   Socie, D. F. and Marquis G. B. "Multiaxial Fatigue". Society of Automotive Engineers. 2000. pp. 232 – 272.

57.   Socie, D. F., Hua, C. T., Worthem, D. W., "Mixed mode small crack growth", Fatigue and Fracture of Engineering Materials and Structures, Vol. 10, 1987, p. 1 – 16.

58.   Stress Intensity Factors Handbook, Y. Murakami, editor-in-chief, Pergamon Press. Oxford, Vols 1 y 2, 1987; Vol.3, 1992._215 p.

59.   Suresh, S. "Fatigue of Materials", Cambridge University Press, Cambridge, UK. 1991.

60.   Tada, H. Paris, P. C. Irwin, G. R. "The stress analysis of cracks handbook". St. Louis (MO): Del Research Corporation, 1973. p. 452-620.

61.   Tanaka, K., "Fatigue propagation from a crack inclined to the cyclic tensile axis", Engineering Fracture Mechanics, Vol. 6, 1974, p. 493 – 507.

62.   Tanaka, K., Akiniwa, Y., Yu, H.C., "Near-Threshold propagation of circunferencial fatigue cracks in steel bars under torsional loading", International Conference on Mechanical Behavior of Materials, ICMM'97, 1997, p. 313 – 317.

63.   Tanaka, K., Matsuoka, S., Kimura, M., "Fatigue strength of 7075-T6 aluminum alloy under combined axial and torsion", Fatigue and Fracture of Engineering Materials and Structures, Vol. 7, No. 4, 1984, p. 195 – 211.

64.   Taylor, D. "A compendium of fatigue thresholds and growth rates". Engineering Materials Advisory Services LTD, London, United Kingdom, 1985. p. 38.

65.   Towers, O. L. "Tests for fracture toughness and fatigue assessment: a compilation of stress intensity, compliance, and elastic n factors". Abington : Welding Institute, cop. 1985. p.50-84.

66.   Troshenko, V.I. Resistencia a la fatiga de los metales y aleaciones. / V.I. Troshenko, L.A. Sosnovskij.-- Kiev: Editorial Naukova Dumka, 1987.-- 505 p. (En ruso).

67.   Tschegg, E. K., "Mode II and Mode I Fatigue crack propagation under torsional loading," Journal of Materials Science and Engineering, Vol, 18, No. 3, 1983, p. 1604 – 1614.

68.   Tweed, J., Rooke, D. P., "The torsion of a circular cylinder containing a symmetric array of edge cracks", International Journal of Engineering Science, Vol. 10, 1972, p. 801 – 812,

69.   Walker, K. "The Effect of Stress Ratio During Crack Propagation and Fatigue for 2024-T3 and 7075-T6 Aluminum", Effects of Environment and Complex Load History on Fatigue Life, ASTM STP 462, American Society for Testing and Materials, Philadelphia, Pa, 1970, pp 1-14.

70.   Wallin, K. et. al. "Automatic fracture toughness testing system at the Technical Research Centre of Finland". Espoo, 1984, p. 32-148.

71.   Weertman, J. "Fatigue Crack Propagation Theories", Fatigue and Microstructure, American Society for Metals, Metals Park, Ohio, 1979, pp. 279-306.

72.   Wheeler, O. E. "Spectrum Loading and Crack Growth", Journal of Basic Engineering, 94, 1972, pp. 181-186.

73.   Willenborg, J., Engle, R. M., Jr., and Wood, R. A. "A Crack Growth Retardation Model Using an Effective Stress Concept", Air Force Flight Dynamics Laboratory Report AFFDL-TM-71-1-FBR, January 1971._37 p.

74.   Zhizhong, H., Lihua, M., Shuzhen, C., "A study of shear fatigue crack mechanisms", Fatigue and Fracture of Engineering Materials and Structures, Vol. 15, No. 6, 1992, p. 563 – 572.

Printed by Books on Demand GmbH, Norderstedt / Germany